普通高等教育“十三五”规划教程

（数字媒体技术专业）

数字多媒体技术案例设计

（第二版）

杜文洁　宋　倬　英　皓
张　博　茹　雪　周园园　等编著

中国水利水电出版社
www.waterpub.com.cn
·北京·

内 容 提 要

本书从实际应用角度出发，以理论为基础，以操作为重点，介绍了多媒体素材的制作工具及多媒体应用软件的开发，并采用大量的典型教学案例，运用任务驱动的方式，充分表述了每个软件的使用及开发过程。全书共分 8 章：多媒体技术概述、多媒体素材的采集与编辑、常用素材制作工具、音频编辑软件 Adobe Audition CC 2017、视频编辑软件、电子杂志的制作、综合训练。其中，最后一章通过综合实例详述每个软件的制作开发过程，以达到综合训练的目的。

本书是多媒体技术综合应用的实用型教材，具有可操作性及指导性，结合具体案例，在介绍必要基础知识的同时，阐述了操作的技巧方法、案例实现的操作流程及实现步骤，并在每个实例后面配有拓展练习，以达到举一反三的教学效果。

本书可作为应用型本科、高职高专和成人高等院校计算机专业、艺术设计专业及相关专业的教材，也可作为多媒体技术爱好者和多媒体应用开发技术人员的参考资料。

图书在版编目（C I P）数据

数字多媒体技术案例设计 / 杜文洁等编著. -- 2版
. -- 北京 : 中国水利水电出版社, 2018.6
普通高等教育“十三五”规划教程. 数字媒体技术专
业
ISBN 978-7-5170-6524-1

Ⅰ. ①数… Ⅱ. ①杜… Ⅲ. ①数字技术－多媒体技术
－高等学校－教材 Ⅳ. ①TP37

中国版本图书馆CIP数据核字(2018)第129880号

策划编辑：石永峰　责任编辑：张玉玲　加工编辑：王玉梅　封面设计：李　佳

书　名	普通高等教育“十三五”规划教程（数字媒体技术专业） 数字多媒体技术案例设计（第二版） SHUZI DUOMEITI JISHU ANLI SHEJI
作　者	杜文洁　宋　倬　英　皓　张　博　茹　雪　周园园　等编著
出版发行	中国水利水电出版社 （北京市海淀区玉渊潭南路 1 号 D 座　100038） 网址：www.waterpub.com.cn E-mail：mchannel@263.net（万水） sales@waterpub.com.cn 电话：（010）68367658（营销中心）、82562819（万水）
经　售	全国各地新华书店和相关出版物销售网点
排　版	北京万水电子信息有限公司
印　刷	三河市航远印刷有限公司
规　格	184mm×260mm　16 开本　10.75 印张　262 千字
版　次	2011 年 4 月第 1 版　2011 年 4 月第 1 次印刷 2018 年 6 月第 2 版　2018 年 6 月第 1 次印刷
印　数	0001—3000 册
定　价	28.00 元

前　言

多媒体技术作为计算机领域的一个重要方面，已经越来越广泛地应用于人们的日常生活、学习和工作等各个领域。从 CAI 教学软件的设计到企业形象设计与产品宣传再到网络通信，无不与多媒体技术密切相关，它已经成为社会生活必不可少的组成部分。

本书以实用技能培养为出发点，以案例为先导，采用任务驱动式的情境教学，阐述了素材制作、多媒体创作过程中软件的运用，并融入了许多实际经验，具有较强的针对性与指导性。

熟练掌握多媒体技能，可以从事网页设计、影视剪辑、广告设计、婚纱影楼设计、动漫设计、音乐编辑、MTV 创作、电脑游戏开发、建筑装潢设计、远程教学、电子相册制作、网络多媒体开发创作、婚礼及各种庆典多媒体制作、课件制作、电子简历设计、导游介绍等多方面的职业。

本书内容丰富、结构清晰、实战性强，是读者进行实践的最佳“临摹”蓝本，既介绍了多媒体技术的基础知识，又着重介绍了多媒体创作过程中使用的各种应用软件，通过精选的综合实例的训练，为读者进行多媒体软件设计奠定坚实的基础。

本书第二版对第一版各个章节进行了内容更新、补充和修改。各章均采用最新版本的软件进行案例设计，同时将一版中第 7 章的“光盘制作与刻录”内容删除，以呈现给读者最新、最前沿的知识内容。

本书由教学一线骨干教师和专业多媒体技术开发人员共同编写。全书由杜文洁、宋倬、英皓、张博、茹雪、周园园等编著。此外，张霞、王梓薇、刘守仁、成义、孙长军、牟振也参加了部分内容的编写。虽然作者多年来一直从事多媒体技术课程的教学，但由于多媒体技术本身发展迅速及作者本人水平所限，书中难免有疏漏和错误之处，敬请使用本书的读者批评指正。

编　者

2018 年 4 月

目　　录

第 1 章　多媒体技术概述

多媒体技术是当今世界最受人们关注的热点技术之一，是一种迅速发展的综合性电子信息技术。多媒体技术的发展和应用，给传统的计算机系统、音频和视频设备带来了方向性的变革，并充分应用在教育、通信、娱乐、新闻等多种行业，正悄悄地改变着人们的生活。那么，多媒体技术究竟是一种什么样的技术？如何应用多媒体技术？如何制作多媒体软件？这些正是本书要讨论的内容。

本章将讨论多媒体技术的定义和特征、多媒体的特点、多媒体的应用和发展及多媒体项目开发的一般方法和步骤等基础知识。

1.1　多媒体基础知识

首先来了解一下与多媒体相关的一些最基本的内容。

1.1.1　媒体与多媒体

1. 媒体

媒体，又称为媒介或媒质，它是信息的载体。在现实世界中，媒体就是人们用于传播和表示各种信息的手段，如报纸、杂志、电视机、收音机等。在计算机领域中，媒体（Medium）有两层含义：一是指用以存储信息的实体，如磁带、磁盘、光盘和半导体存储器等；二是指传递信息的载体，如数字、文字、声音、图形和图像等。多媒体技术中的媒体一般是指后者。

按照国际电报电话咨询委员会（CCITT）建议的定义，把媒体分成以下五类：

（1）感觉媒体（Perception Medium)。感觉媒体是指直接作用于人的感觉器官，使人产生直接感觉的一类媒体。感觉媒体包括人类的各种语言、文字、音乐，自然界的其他声音，静止的或活动的图像，以及图形和动画等信息。

（2）表示媒体（Representation Medium)。表示媒体是为了加工、处理和传输感觉媒体而人为地研究和编制出信息编码的一种媒体。根据各类信息的特性，表示媒体有多种编码方式，如语音 PCM 编码、文本 ASCII 编码、静止图像 JPEG 编码和运动图像 MPEG 编码等。

（3）表现媒体（Presentation Medium)。表现媒体是指获取和显示信息的设备，也称为显示媒体。表现媒体又可分为输入显示媒体和输出显示媒体。输入显示媒体有键盘、鼠标、光笔、数字化仪、扫描仪、麦克风、摄像机等，输出显示媒体有显示器、音箱、打印机、投影仪等。

（4）存储媒体（Storage Medium)。存储媒体又称为存储介质，指的是存储数据的物理设备，如磁带、半导体芯片等，以便计算机随时调用和处理信息编码。

（5）传输媒体（Transmission Medium)。传输媒体又称为传输介质，是指用来将媒体从一处传送到另一处的物理媒体，如电话线、双绞线、同轴电缆和光纤等。

2. 多媒体

所谓多媒体，是指融合两种或两种以上媒体的一种人机交互式信息交流和传播媒体。也就是说，人们不仅可以阅读文字，听到优美的乐曲，还可以欣赏到直观逼真的图片，观看到细致全面的影视动画等。

然而，人们所谈到的多媒体通常不仅指多种媒体信息本身，还指处理和应用各种媒体信息的相应技术，因此，在现实生活中，人们将“多媒体”与“多媒体技术”等同。多媒体技术将所有这些媒体形式集成起来，以更加自然、方便的方式使信息与计算机进行交互，使表现的信息声、文、图、像并茂。

因此，多媒体技术是数字化信息处理技术、计算机软硬件技术、音频技术、视频技术、图像压缩技术、文字处理技术和通信与网络技术等多种技术的结合。概括地说，多媒体技术就是利用计算机技术把文本、声音、视频、动画、图形和图像等多种媒体进行综合处理，使多种信息之间建立逻辑连接，集成为一个完整的系统，并能对它们进行获取、压缩、编码、编辑、处理、存储和展示。

1.1.2 多媒体技术的主要特性

多媒体涉及的技术范围很广，且强调交互式综合处理多种信息媒体，因此，多媒体技术主要涉及以下特点。

1. 多样性

多样性是多媒体及其技术的主要特性之一，也是多媒体研究要解决的关键问题。多媒体计算机可以综合处理文本、图形、图像、声音、动画和视频等多种形式的信息媒体。多媒体技术就是要把计算机处理的信息多样化或多维化，从而改变计算机信息处理的单一模式，使所能处理的信息空间范围、信息种类扩大，使人们的思维表达有更充分、更自由的扩展空间。

2. 集成性

集成性是指多种媒体信息的集成以及与这些媒体相关的设备集成。前者是指将多种不同的媒体信息有机地进行同步组合，使之成为一个完整的多媒体信息系统；后者是指计算机系统、存储设备、音响设备、视频设备等硬件的集成，以及软件的集成，为多媒体系统的开发和实现建立一个理想的集成环境和开发平台，从而实现声、文、图、像的一体化处理。

3. 交互性

交互性是多媒体技术的关键特性。所谓交互就是通过各种媒体信息使参与者可以进行编辑、控制和传递。人们获取信息和使用信息的方式由被动变为主动，可以根据需要对多媒体系统进行控制、选择、检索并参与多媒体信息的播放和节目的组织，从而获得更多信息。

4. 实时性

实时性又称为动态性，是指多媒体技术中涉及的一些媒体，例如音频和视频信息，具有很强的时间特性，会随着时间的变化而变化。动态性正是多媒体具有最大吸引力的地方之一。这要求对它们进行处理以及人机交互、显示、检索等操作都必须实时完成，特别是在多媒体网络和多媒体通信中，实时传播和同步支持是一个非常重要的指标。例如，一些制作得比较差的多媒体作品就会出现声音与图像停顿，甚至不同步的情况。在对这些信息进行处理时，需要充分考虑这一特性。

总之，多媒体技术是一种基于计算机技术的综合技术，它包括信号处理技术、音频和视频技术、计算机硬件和软件技术、通信技术、图像压缩技术、人工智能和模式识别技术等，是处于发展中的一门跨学科的综合性高新技术。

1.1.3 多媒体系统的分类

1. 从面向对象的角度分类

从多媒体系统所面向的对象来看，多媒体系统可分为4类。

（1）多媒体开发系统。该系统需要较完善的硬件环境和软件支持，主要目标是为多媒体专业人员开发各种应用系统提供应用软件开发和多媒体文件综合管理功能。

（2）多媒体演示系统。该系统是一个功能齐全、完善的桌面系统，提供专业化的多媒体演示，用于介绍产品性能、演示科学研究成果等，使观众具有强烈的现场感受。

（3）家庭应用系统。只要在计算机上配置CD-ROM、声卡、音箱和话筒，就可以构成一个家用多媒体系统，用于家庭中的学习、娱乐等。

（4）多媒体教育系统。多媒体可以在计算机辅助教学（CAI）中大显身手。教育/培训系统中融入了多媒体技术，可以做到声、文、图、像并茂，界面色彩丰富多彩，具有形象性和交互性，提高了学生学习的兴趣和注意力，大大改善了教学效果。多媒体教育系统可用于不同层次的教学环境，如学校教学、企事业培训、家庭学习等。

2. 从应用角度分类

从多媒体应用角度来看，多媒体系统可分为5类。

（1）多媒体出版系统。以CD-ROM光盘形式出版的各类出版物已经开始大量出版并代替传统的出版物，对于容量大、要求能够快速查找的文献类出版资料等，使用CD-ROM光盘十分方便。

（2）多媒体信息咨询系统。例如图书情报检索系统、证券交易咨询系统等，用户只需要按几个键，多媒体系统就能以声音、图像、文字等方式给出信息。

（3）多媒体娱乐系统。影视作品和游戏产品制作是计算机应用的一个重要领域。该系统提供的交互播放、高质量的数字音箱、图文并茂的显示等功能，受到了广大消费者的欢迎，极大地丰富了人们的业余文化生活。

（4）多媒体通信系统。例如可视电话、视频会议等，增强了人们身临其境、如面对面交流一样的感觉。

（5）多媒体数据库系统。将多媒体技术和数据库技术结合，在普通数据库的基础上增加了声音、图像和视频数据类型，对各种多媒体数据进行统一组织和管理，丰富了数据库信息，改善了用户界面，提高了工作质量。

3. 从研究和发展角度分类

从多媒体技术的研究和发展角度来看，多媒体系统有两大类：一是以计算机为基础的多媒体化，如各计算机公司研究、推出的各种多媒体产品；二是在电视和声像技术基础上的进一步计算机化，如SONY等公司开发的许多产品。目前发展的趋势是两者的结合，即计算机和家用电器互相渗透，多种功能相结合，逐步走向标准化和实用化。

1.2 多媒体信息的计算机表示

要开发优秀的多媒体信息系统就必须综合地使用各种表示媒体，也就是要了解各种媒体的计算机表示，只有充分了解相关的表示技术，才能灵活运用多媒体技术。概括来说，多媒体信息在计算机中的表示有以下几种形式。

1. 文字

文字是多媒体系统中最基本、最普遍的表示媒体，从形式上来说可通过字体、字形、字号和颜色等格式的设置来突出主题内容；从内容上来说，一个界面中的文字一般不能太多。

2. 图形图像

图形图像包括人物、风景、物体等其他各种形式的图案，比文字更具有直观性和吸引力，用图形图像代替文字描述会让人更容易接受并记忆。

3. 音频

音频是指数字化的声音，在多媒体系统中通常用作解说词、背景音乐和音效，起到说明、营造环境等作用。

4. 动画

在多媒体系统中还可以插入动画片断，使系统的整体风格更为活泼、引人入胜。动画一般是用动画制作软件制作而成的。

5. 视频影像

在多媒体系统中适当加入一些紧扣主题的视频影像会起到事半功倍的效果。视频影像是指通过摄像机、录像机等设备捕获的动态画面，比用软件工具绘制的动画更具有真实感和纪实性。

1.3 多媒体技术的发展与应用

1.3.1 多媒体技术的发展

多媒体及多媒体技术产生于 20 世纪 80 年代，形成商品化的产品和一定的市场规模是在 20 世纪 90 年代初，随后得到飞速发展和普及。多媒体计算机是应社会的需要而诞生的，多媒体计算机的发展也随计算机技术的进步而不断取得进展。

目前，多媒体技术主要有两个发展趋势：一是网络化趋势，通过与宽带网络通信等技术相互结合，使多媒体技术进入科研设计、企业管理、办公自动化、远程教育、远程医疗、检索咨询、文化娱乐、自动测控等领域；二是多媒体终端的智能化和嵌入化，通过提高计算机系统本身的多媒体性能来开发智能化家电，如 TV 与 PC 技术的结合使交互式节目和网络电视应运而生。另外，嵌入式多媒体系统在医疗器械、多媒体手机、掌上电脑、车载导航等领域都有着巨大的发展前景。

1.3.2 多媒体技术的应用

多媒体技术在这几年迅速发展，其人性化的交互性、多种丰富信息的集成、方便易懂的操作，使得它在各个领域都得到了很好的应用，并改变着人们的生活和工作方式。

多媒体技术在很多方面都有很好的应用，主要表现在以下几个领域。

1. 教育领域

远程教育是多媒体技术现在应用得比较多的领域，人们通过高速发展的 Internet，可以在线点播各种流式教学视频、在线学习、在线考试、教学管理等。除此之外，在一些培训系统里也常常用到多媒体技术，例如飞行员的培训，他们必须在一个虚拟的驾驶舱中，在计算机的控制下进行飞行的模拟培训。另外一些教学电子出版物通过 DVD 可以存储大量的信息，使得大量的教学视频通过此方法传播和出售。

2. 娱乐领域

娱乐领域是多媒体技术应用最多的地方，首先是在电影里面，如在著名的电影《阿凡达》《头号玩象》中，大量的电脑特技的应用使观众进入一个惊险刺激的科幻世界。而三维动画、虚拟现实（VirtualReality，VR）等技术的广泛应用，使得日本在游戏与娱乐产业有着数百亿美元的市场，如电子游戏《最终幻想》。同时网络结合多媒体技术产生的虚拟网络社区、传媒和广告都大量地应用着多媒体技术。

3. 通信领域

通信领域应用最多的多媒体技术是网络会议、网络视频、在线音乐。网络会议使得用户能得到一种“面对面”的开会感觉，它将方便各种跨国跨地区的会议的举行，避免了为开会而远途旅行造成的时间浪费，在时间就是金钱的现实世界里，这种网络会议必将成为未来商务界乃至其他业务联络的标准手段。

4. 医疗领域

医疗卫生体系随着多媒体技术的发展越来越先进，远程医疗会诊、医疗保健资讯系统走进了人们的生活。远程医疗诊断使病人与医生之间可以进行远程的网上诊断、查询病情，也可以进行现场的手术演示、网上专家讨论、学术交流，这种方法效率高，节省了大量的时间与金钱。

1.4 多媒体项目开发技术概述

1.4.1 多媒体项目开发方法

要开发出内容翔实、丰富多彩的多媒体产品，就必须遵循多媒体项目开发的一般方法和流程，具体来说可分为以下几步，其流程如图 1-1 所示。

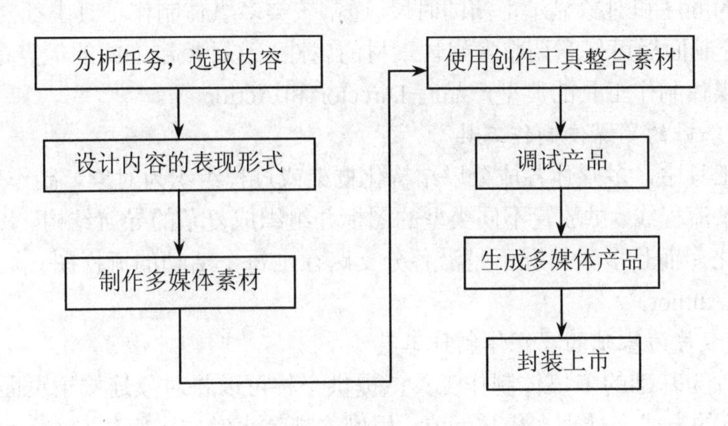

图 1-1　多媒体项目开发流程

1. 分析任务，选取内容

在开发一个多媒体产品前，首先必须明确制作要求和目标，选取合适的内容。

2. 设计内容的表现形式

选好内容后，再从总体上考虑如何在计算机上用最合适的信息形式表现出来，即哪些内容用文字来表示，哪些内容用动画或视频来表示，哪些地方可以配有声音信息等。

3. 制作媒体素材

根据已确定的内容及其表现形式准备这些媒体素材，如准备相关的动画、音频和视频以及图形或图像等素材。制作技术的好坏直接影响效果。

4. 使用创作工具整合各种多媒体信息

内容确定后，在相关的素材也准备好后，就可选择一种或几种多媒体创作工具，将它们整合在一起，加上相应的交互功能，形成一个完整的多媒体节目。

5. 调试产品

一个刚刚完成的作品，不可避免地会存在一些问题，必须进行全面调试、多方检验，确保无误。

6. 生成多媒体产品

制作好的作品在经过多方调试无误后，即可打包生成独立的多媒体应用产品并直接运行。

7. 封装上市

这一步通常是对公开发行的多媒体商品进行的。

1.4.2　多媒体项目开发工具

多媒体项目开发工具是多媒体应用系统的开发工具，它包括各种多媒体的素材及操作，提供组织和编辑多媒体应用系统各种成分所需要的重要框架。制作工具的用途是将各种多媒体成分集成为一个完整而有内在联系的系统。

多媒体制作工具有很多种，以下介绍主要的几种。

1. 以时间为基础的多媒体制作工具

以时间为基础的多媒体制作工具所制作出的节目是带有很强的时间特性的，由可视的时间轴来决定事件的顺序和对象显示上演的时段。通常该类多媒体制作工具中都会有一个控制播放的面板，通过控制面板可任意调整多媒体素材的属性。这种控制方式的优点是操作简便、形象直观。这类多媒体制作工具的典型产品有 Director 和 Action 等。

2. 以图标为基础的多媒体制作工具

在这些制作工具中，多媒体各成分以结构化框架或过程组织为对象。制作多媒体作品时，制作工具提供一条流程线，供放置不同类型的图标并组织成复杂的导航结构。其优点是能使项目的组织方式简化，而且多数情况下是沿各分支路径上每个活动的流程图。这类创作工具有 Authorware、IconAuthor。

3. 以页面或卡片为基础的多媒体制作工具

以页面或卡片为基础的多媒体制作工具，提供一种可以将对象连接于页面或卡片的工作环境，以面向对象的方式来处理多媒体元素，用剧本规范来完成多媒体制作。允许播放声音元素以及动画和数字化视频节目，在结构化的导航模型中，可以根据命令跳至所需的任何一页，其优点是便于组织和管理多媒体素材。这类创作工具主要有 ToolBook、HyperCard 等。

4. 以传统程序语言为基础的多媒体创作工具

此类工具需要大量编程，可重用性差，不但不利于组织和管理多媒体素材，而且调试困难，这类工具有 Visual C++、Visual Basic 等。

另外，在素材收集过程中还需要用到各类工具软件，如图形图像处理工具 Photoshop，视频编辑工具 Premiere，动画制作工具 Flash 等。

第 2 章　多媒体素材的采集与编辑

通过上一章的学习，我们对多媒体技术的基础知识有了一定的了解。如何完成一个多媒体作品呢？首先需要对作品进行分析，确定好其包含的主要内容；然后，需要设计好用什么样的表现形式来展现作品；最后，还要完成对各种素材的采集与编辑。本章将讨论多媒体素材的分类、特点、采集和基本编辑等内容。

2.1　文本素材

在多媒体作品创作中，文本是使用最简便的素材，其具体表现形式为文字、字母、数字和各种功能符号等。文本素材的特点是表意的准确性，主要用来表达那些复杂或需要确切说明的内容。

2.1.1　文本文件的类型

在对文本素材进行采集之前，必须了解各种文本的获取途径及使用方法，这样才能保证采集到的文本素材能够很好地为多媒体作品服务，达到预期的目的。文本素材的主要文件类型见表 2-1。

表 2-1　文本文件的类型

媒体类型	扩展名	支持软件	说明
文本	txt	记事本	txt 文档为纯文本文件，可被所有的文字编辑软件和多媒体集成工具软件直接调用
	rtf	写字板	rtf 文档是有格式的文本文件，很多文字编辑器都支持它
	doc	Microsoft Word	doc 文档是微软自己的一种专属格式，文档本身可容纳更多文字格式、脚本语言及复原等资讯，但该格式属于封闭格式，其兼容性较低
	wps	WPS Office	wps 文档是一种比较符合中文特色的文本文件，能与 Microsoft 系列办公软件兼容
	pdf	Adobe Reader	pdf 文档主要应用于电子图书、产品说明、公司文告、网络资料、电子邮件等

将文本素材引入到正在创作的多媒体作品中时，应当认真考虑使用哪种类型的文本素材更为适合。当然在创作过程中也可以使用专门的文字制作软件，那样可以让作品中的文字栩栩如生，更加突出多媒体作品的风格。

2.1.2 文本的采集与处理

1. 文本素材的采集

在了解了文本素材各种文件类型的相关知识后，就可以着手文本素材的采集工作了，下面介绍几种常用的采集方法。

（1）利用键盘输入设备采集。键盘是多媒体计算机中最常见的输入设备，在各种文字编辑软件的支持下，可以直接将所需的文本素材通过键盘录入到计算机中，从而获取文本素材。此种采集方法对文字录入速度和正确率有一定的要求，当多媒体作品中需要大量的文本素材时，此种方法花费的时间比较多。

（2）利用扫描仪采集。扫描仪也是多媒体计算机中常见的输入设备，将文稿扫描到计算机中，文本被转化为位图图像，再利用光学识别器（OCR）软件将图像转化为文本字符。此种采集方法可节省大量的工作时间，但所采集数据的准确率受设备性能的限制。

（3）利用手写输入设备采集。随着手写识别技术的成熟，手写输入设备逐渐成为多媒体计算机中不可或缺的输入设备。我们可以很自然地将所需的文本素材通过手写设备输入到计算机中，对设备使用者的要求较低，是一种人性化、快捷的文本素材采集方法。

（4）利用语音输入设备采集。声音是传递信息最快速且最直接的方式，通过语音设备采集文本素材成为一种最方便、最快捷的采集方法。目前语音识别技术的水平越来越高，此种采集方法对发音的准确性要求越来越低，采集的文本素材的准确性有所提高。

（5）利用互联网采集。互联网可以提供大量文本素材，在不侵犯版权的情况下，从互联网上采集文本素材是最便捷的一种采集方法。

2. 文本数据的处理

将采集到的文本数据恰到好处地应用在多媒体作品中，需要借助于相应的软件对采集到的文本进行处理。在处理文本数据的过程中通常对它的主要属性进行更改，如果还想获取更多文字效果，可以借助专业的文字编辑软件的强大功能，创作自己喜欢的文本数据。

2.2 图形和图像素材

在多媒体作品创作中，图形和图像是使用最广泛的素材，其具体表现形式为矢量图和位图。图形和图像素材的特点是直观且便于理解，主要用来表达那些用语言和文字难以表述的事物，如基本的几何图元、自然界中的景物和生物等，另外像线形图画、美术字、工程制图等都离不开图形和图像信息。

2.2.1 矢量图和位图

首先来认识一下矢量图和位图。矢量图和位图是计算机中常用的两种表达方法，是根据计算机显示图像的形式进行定义的。

1. 矢量图

矢量图又叫向量图。该类型的文件是由一系列计算机指令描述和记录的，并且可分解为一系列由点、线、面等组成的子图，主要属性为颜色、形状、大小和位置等。其主要特点是占用的存储空间小、可无限放大且不失真和容易变换等。在制作多媒体作品的过程中，通常将其用于文字设计、图案设计、版式设计、标志设计、计算机辅助设计（CAD）、工艺美术设计和制作插图等。常用的矢量图绘制软件有 CorelDRAW、FreeHand、Illustrator、Affinity 和 Canvas 等，专门用来绘制基于矢量的线条作品，这种图像可以以很高的分辨率在纸上打印输出。

2. 位图

位图又叫点阵图或像素图。该类型的文件是用像素点来描述或映射图形，每个像素的信息由计算机内存地址位（bit）来记录和定义，主要属性为颜色和亮度。其主要特点是文件的质量越好占用的存储空间越大、色彩丰富且表现力强和放大后易失真等。在制作多媒体作品的过程中，通常将其应用于表现自然景色、人物和模仿实际场景等。常用的位图绘制软件有 Photoshop、Fireworks 和 Painter 等，专门用来绘制手工的位图图像。

3. 矢量图和位图的区别

在描述相同的图形时，在不压缩的情况下，矢量图占用的存储空间远远小于位图，因此我们也就能够理解为什么网页在插件中往往采用矢量图，其主要目的是提高下载速度。

矢量图是在运行时被创建出来的，是按照计算机收到的指令来绘制图像，当对矢量图进行缩放和扭曲时，它的分辨率和图像质量不会有任何损失；相反，因为位图是已经创建好的图像，当对位图进行相同的操作时，它的分辨率和图像质量将大大降低。

位图在表现色彩丰富的图形时，其表现能力要强于矢量图，在记录生活中的场景时通常采用位图。

2.2.2 图形和图像文件的类型

如何在多媒体作品中充分发挥矢量图和位图的优点，从制作和保存图形或图像那一刻开始就应当考虑，根据图形和图像的用途选好制作软件和保存格式。常用的图形和图像文件的类型见表 2-2。

表 2-2 图形和图像文件的类型

媒体类型	扩展名	支持软件	说明
图形	dwg	AutoCAD	dwg 文档在表现图形的大小方面十分精确
	cdr	CorelDRAW	cdr 文档应用于商标设计、标志制作、模型绘制、插图描画、排版及分色输出等诸多领域
	swf	Flash	swf 文档是一种支持矢量图和位图的动画文件格式，它能用比较小的体积来表现丰富的多媒体形式
	wmf	剪贴画	wmf 是 Windows 使用的剪贴画文件格式，是一种图元文件
图像	bmp	画图	bmp 文档是 Windows 中的标准图像文件格式，无压缩，不会丢失图像的任何细节，但是占用的存储空间大
	psd	Photoshop	psd 文档是 Photoshop 的专用文件格式，该类型的文件可以记录在图片编辑过程中产生的图层、通道和路径等信息

续表

媒体类型	扩展名	支持软件	说明
图像	jpg	Photoshop	jpg 文档是一种压缩的静态图像文件格式，其色彩信息保留较好，占用空间较小，适用于网页中
	tif	Photoshop	tif 文档的色彩保真度高、体积较大、失真小，常用于彩色印刷
	gif	Photoshop	gif 文档是一种动态地显示简单图形及字体的文件格式，在网络上应用较为广泛

占用存储空间大的图形、图像素材质量较高；相反，占用存储空间小的图形、图像素材质量相对较低。根据不同类型素材的特点，合理地运用文件类型，最终实现在占用最小的空间的同时获取最佳的质量。

2.2.3 图形和图像的采集与处理

1. 图形和图像素材的采集

图形和图像素材的采集主要利用各种图像输入设备，下面介绍几种常用的采集方法。

（1）利用扫描仪采集。利用扫描仪采集文本素材是扫描仪的功能之一，它的另一个主要功能是能够将已有的纸制图片或塑料图片通过扫描存储到计算机中，在扫描的过程中图片被转换为位图图像。此种采集方法在现实生活中应用较为广泛，采集的图像质量受扫描仪的性能和原始素材的质量限制。

（2）利用光盘采集。目前市场上有各种各样的素材光盘，我们可以将手中素材光盘上的各种图形、图像直接复制到计算机中，实现图形、图像的采集。此种采集方法的成本相对较高，尤其是对素材需求量比较大的多媒体制作者来说，要不断更新素材光盘，以扩大自己的素材库。

（3）利用抓屏软件采集。直接使用抓屏软件可以将整个屏幕采集为一幅图片，并可用抓屏软件对所抓的图片进行编辑，如 HyperSnap 屏幕抓图软件和 SnagIt 软件等。此种采集方法的灵活度较高，多媒体制作者可以根据自己的需要随时随地获取所需的图形、图像素材，适合所有多媒体制作者使用。

（4）利用数码相机和摄像机采集。随着数码相机和摄像机的普及，通过数码相机和摄像机设备采集图片素材成为一种最方便的采集方法，但此种方法采集的图片质量受数码相机和摄像机设备参数和使用技巧的限制，常用于专业多媒体行业，如影视制作、广告制作和网站制作等行业。

（5）利用互联网采集。互联网可以给我们提供大量图片素材，在不侵犯版权的情况下，从互联网上采集图片素材是最便捷的一种采集方法。作为一名多媒体技术的初学者，建议使用此种图形、图像采集方法，可以在最短时间内找到最符合作品需求且质量较高的素材。

2. 图形、图像数据的处理

在对图形、图像数据进行处理时要考虑以下几个指标。

（1）分辨率。分辨率是指单位长度内所含有的像素点的数目，单位为 dpi，即每英寸所含的像素点数。相同大小的两个图像，分辨率越高的图像越清晰，图像质量越高。通常采用水平方向的像素点数乘以垂直方向的像素点数表示分辨率，如 640×480。

（2）灰度与颜色。灰度是用来表示黑白图像像素点的亮度，用灰度级别和 bit 表示，目前多采用 256 级，即 8bit；颜色是用来表示彩色图像的颜色，物理上用 H（色调）、S（饱和度）、B（亮度）来描述，电视系统中用 R（红）、G（绿）、B（蓝）来描述，其中 R、G、B 分别用 8bit 描述一个像素，由此彩色图像的一个像素通常有 24bit 数据量。

（3）文件大小。文件大小不仅直接影响图像读取的速度，还影响到网络的传输速度，因此应尽量减小图像的尺寸或采用较低的颜色值，还应采用各种图像压缩软件，在对图像进行压缩时力求将图像质量保持最佳。

常见的图形、图像处理方法有：图形图像的编辑、格式的转换、文件的压缩、文件的浏览和文件的输出等操作。在具体的图形、图像数据的处理过程中，可利用常见的图像处理软件完成具体任务，如 Photoshop、光影魔术手、ACDSee、Fireworks 和 CorelDRAW 等。

2.3　声音素材

在大多数多媒体作品中，除包含文本素材和图形图像素材外，通常还需要引入声音素材。在多媒体作品创作中，声音是人们最常用、最方便、最熟悉的用来传递信息的素材，其具体表现形式为波形音频和 MIDI 音频。声音素材的特点是携带信息量大、精细和准确，主要用来为作品烘托气氛和增加活力，以提高作品的表现力，如背景音乐、配音及解说等。

2.3.1　音频文件的类型

生活中的每一天都充满了各种各样的声音，有动物和人发出的声音，有各种乐器演奏的声音，有电台发出的声音，有唱片发出的声音等。在多媒体作品中，这些声音将以不同形式出现，下面将介绍多媒体作品中通常使用的音频文件类型，见表 2-3。

表 2-3　音频文件的类型

媒体类型	扩展名	支持软件	说明
音频	wav	录音机	标准 Windows 音频文件，波形音频文件格式，通过对声音采样生成。无压缩，音质最好，占用的存储空间大
	mp3	GoldWave	mp3 是以 MPEG Layer 3 标准压缩编码的一种有损的压缩音频文件格式，具有很高的压缩率，占用空间小，声音质量高
	mid	MIDI 合成器	乐器数字接口的音乐文件，计算机音乐的统称，占用的存储空间很小，大量应用于网络
音频	wma	Winamp	wma 的全称是 Windows Media Audio，生成的文件大小只有相应 mp3 文件的一半，且声音质量很高，可以边听边下载
	ra	RealPlayer	Real Audio 流媒体音频文件，需要用 RealPlayer 来播放，体积小巧，可以边听边下载

由于文件的大小直接决定了音质的好坏，所以，在为多媒体作品添加音频素材时，不仅要考虑文件的大小，还要考虑音质的好坏，如在为某些按钮添加音效时，可以选择 mid 类型的文件，在占用空间很小的同时能够达到预期的效果；而在选择背景音乐时，就要考虑到音频素材的音质，一段美妙的音乐能够让原本平庸的多媒体作品变得引人入胜。

2.3.2 声音的采集

作为人类感知自然的重要媒介，声音本身是一种连续变化的模拟信号，声音采集的过程是将计算机无法识别的模拟信号转换为计算机能够识别的数字信号。以下为几种常用的声音采集方法。

1. 利用录音软件采集

可以在 Windows 的“开始”菜单/“程序”列表/“附件”中找到系统自带的“录音机”工具，利用它可以采集和制作音频数据。除此之外，还可以借助其他的录音软件进行音频数据的采集，如 GoldWave 5.58。

2. 利用音频制作软件获取音频数据

越来越多的多媒体制作者热衷于自己制作音频文件，如果你是一个对作品追求完美的多媒体制作者，建议使用此种采集方法，这会使你的整个多媒体作品带给观众和谐、统一、别具一格的感受。音频制作软件可以通过对音频文件的剪辑获取新的音频文件，也可以通过对乐符的编辑完成音频文件的创作，从而获得不同的音频数据，如 Adobe Audition CC 2017。

3. 利用光盘采集

在音频素材光盘上能够找到各种格式的音频文件，可以将素材光盘上的各种音频文件直接复制到计算机中，再通过各种多媒体软件把所需的音频文件添加到多媒体作品中。

4. 利用互联网采集

通过互联网能够又快又准确地获得想要的音频素材，通常可以按音频文件的类型、用途、名称或作者进行检索，在应用这些音频素材时要做到不侵犯版权。也可以将自己制作的音频文件进行上传，供有需要的人使用。

2.3.3 声音的处理软件

上一节介绍了声音素材采集的方法，之后还要对它们进行编辑处理，这就需要使用音频编辑软件。这些软件能帮助我们制作出各种效果的音频文件，使我们的多媒体作品变得更加完美。

常用的音频处理技术为音频编辑、音频处理、音频压缩及格式转换等内容。音频编辑的主要操作内容有剪辑、降噪、效果添加和音量调节等；音频处理的主要操作内容有淡入淡出、变调、变速、延迟、回声和混响等；音频压缩操作可以通过音频文件的输出来完成，如直接输出 mp3、wma 和 ra 等格式的文件；音频格式转换只需要通过对文件进行“另存为”操作即可实现。常见的音频编辑软件有 GoldWave、Cool Edit Pro 及 Adobe Audition CC 2017、音频编辑大师等。第 4 章将详细介绍音频编辑软件 Adobe Audition CC 2017 的使用。

2.4 视频素材

在多媒体作品创作中，视频信息是各种媒体中携带信息最丰富、表现力最强的一种素材，其具体表现形式为电影、电视和摄像资料等。视频素材的特点是具有表现事物细节的能力，主要用来呈现那些陌生的事物。优秀的视频制作者能够用作品表达一些想法，让观众产生共鸣。在多媒体作品中添加视频素材，能够使观众快速而准确地理解作品要表达的意思。

2.4.1 视频文件的类型

生活中常见的视频有这样几种形式：电视、电影、各种音像出版物和网络视频等。随着多媒体技术的发展，传统的视频技术慢慢地被数字视频技术代替，人们通过数字视频技术可以轻松地对数字视频数据进行编辑，如添加各种特殊的艺术效果、倒序播放和剪辑等。在制作多媒体作品的过程中，视频文件更是不可缺少的一种素材。常用的视频文件类型见表 2-4。

表 2-4 视频文件的类型

媒体类型	扩展名	支持软件	说明
视频	avi	Media Player	avi 文档可用 Windows 中的媒体播放器（Media Player）播放，图像质量好，主要用于制作多媒体光盘
	mpg	RealPlayer	mpg 文档是一种压缩的视频格式文件，压缩效率高，适用于网络传输
	wmv	暴风影音	wmv 文档是一种流媒体格式文件，体积非常小，适合在网上播放和传输
	dat	Media Player	dat 文档是数据流格式文件，是 VCD 的文件格式
	rm	RealPlayer	rm 文档是新型流式视频格式文件，用于传输连续视频数据，是主流的网络视频格式

通过表 2-4 中对视频文体类型的描述，可以有选择地在多媒体作品中添加各种类型的视频文件，还可以通过视频编辑软件对不符合格式要求的视频文件进行格式转换，来满足作品的要求。

2.4.2 视频的采集

影像是自然界的图像和声音的再现，其本身是一种连续变化的模拟信号，视频采集的过程是将计算机无法识别的模拟信号转换为计算机能够识别的数字信号。以下为常用的几种视频采集方法。

1. 利用视频采集卡采集

视频采集卡是将摄像机、录像机和电视机输出的模拟信号转换成计算机可识别的数字信号，并将采集到的数据存储在计算机中，是进行视频采集最常用的硬件设备。在设备连接成功后，通过视频捕获软件就可以开始采集工作了，如会声会影软件就具有此项功能。

2. 利用视频制作软件获取视频数据

视频制作软件可以通过对视频文件的剪辑获取新的视频文件，也可以通过对各种多媒体数据的编辑创作视频文件，常用的视频制作软件有 Movie Maker、会声会影、Premiere Pro CC 2017 和 Adobe After Effects 等。

3. 利用视频捕获软件采集

视频捕获软件可直接捕捉计算机屏幕上播放的画面，同时还可以记录鼠标指针移动的路径、音效和旁白等信息，常用的视频捕捉软件有 HyperCam、Screen Recorder 和 Camtasia Studio 8 等。此类软件采集的视频数据常用于多媒体教学课件、产品使用介绍等领域，能够使观众在观看视频的过程中更加直观地学习相应的操作方法。

4. 利用数码相机和手机采集

目前在市场上我们能够方便地买到带有多媒体功能的数码相机和手机，不仅利用这些设备可以轻松地获取视频数据，而且利用数码相机和手机自带的视频编辑软件还可以对获取的视频数据进行简单的编辑，此种方法既便捷又实用。

5. 利用光盘采集

通过多媒体素材光盘可以轻松地获取需要的视频文件，并将其保存为指定的格式。

6. 利用互联网采集

互联网可以提供给我们新鲜的、专业的、规范的和经典的视频素材，在不侵犯版权的情况下，此种采集视频素材的方法是最常用的一种采集方法。

2.4.3 常用的视频制作软件

完成视频素材的采集工作后，就要对采集到的数据进行编辑处理。视频是一系列的画面组成的活动影像，利用视频制作软件我们能够对视频数据进行各种编辑合成处理、特效的添加、压缩及格式转换等操作。视频编辑的主要操作内容有插入、剪裁、粘贴、分离、覆盖和合成等；添加特效的主要操作内容有添加各种滤镜、场景切换、重叠和运动效果等；视频压缩操作可以通过专用的压缩软件完成，如 TMPGEnc、WinMEnc 和 Canopus ProCoder 等；视频格式转换操作也有专用的转换软件，如 3gp 视频转换软件、avi 视频转换软件、mp4 视频转换软件和 flv 视频转换软件等。常用的视频制作软件有会声会影、Adobe Premiere、Adobe After Effects、Maya 和 Camtasia Studio 等。第 5 章将详细介绍视频制作软件会声会影和 Adobe Premiere Pro CC 2017 的使用。

第 3 章　常用素材制作工具

3.1　Camtasia studio 8 屏幕动作录制软件

3.1.1　教学目标

Camtasia Studio 8 是由 TechSmith 开发的一款功能强大的屏幕动作录制工具，能在任何颜色模式下轻松地记录屏幕动作（屏幕/摄像头），包括影像、音效、鼠标移动轨迹、解说声音等。其具有强大的视频播放和视频编辑功能，可以说有强大的后期处理能力，可在录制屏幕后，基于时间轴对视频片段进行各类剪辑操作，如添加各类标注、媒体库、Zoom-n-Pan、画中画、字幕特效、转场效果、旁白、标题剪辑等，当然也可以导入现有视频进行编辑操作，包括 avi、mp4、mpg、mpeg、wmv、mov、swf 等文件格式。

通过本节案例的学习，读者能够熟练掌握使用 Camtasia Studio 软件录制图像，调整图像的颜色、分辨率，利用绘图工具进行简单的编辑。

3.1.2　教学内容

软件的启动界面及录制屏幕窗口

（1）启动 Camtasia Studio，主界面如图 3-1 所示。录制计算机的屏幕时，单击编辑区里的 Record the screen 按钮，则可直接进行屏幕录制。也可单击 Record the screen 按钮右侧的下三角按钮，会有两个选项 Record the screen 和 Record PowerPoint，分别是录制计算机屏幕和录制 PPT 文件。选择录制对象，以录制计算机屏幕为例，单击 Record the screen 按钮录制计算机屏幕，如图 3-2 所示，可以实现对屏幕图像的录制。

图 3-1　Camtasia Studio 8 启动界面

图 3-2　录制计算机屏幕窗口

（2）单击 Record the screen 按钮之后在计算机屏幕的右下角会出现图 3-3 中的录制选项设置界面。

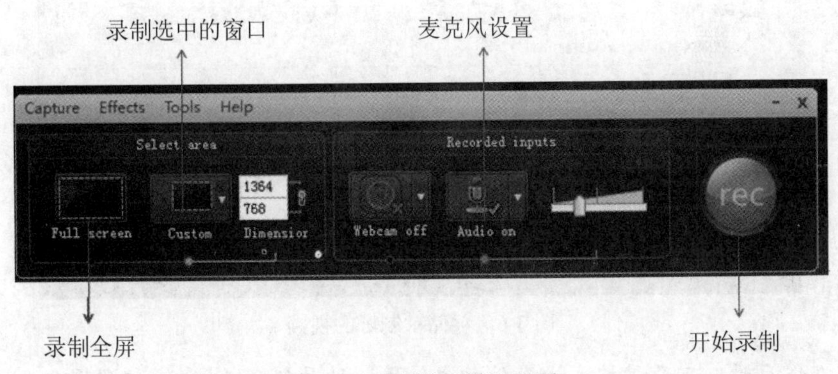

图 3-3　录制选项设置界面

（3）单击 Custom 按钮，屏幕上会出现一个可自由伸张的虚线框，这时可以自由选择和调整需要录制界面的大小，如图 3-4 所示。

图 3-4　设置录制界面大小

（4）单击开始按钮 rec 开始录制，这时会出现一个倒计时器界面，3 秒后，软件会自动开始录制屏幕或选择的窗口。倒计时完成后会出现图 3-5 所示窗口，表示正在录制视频。

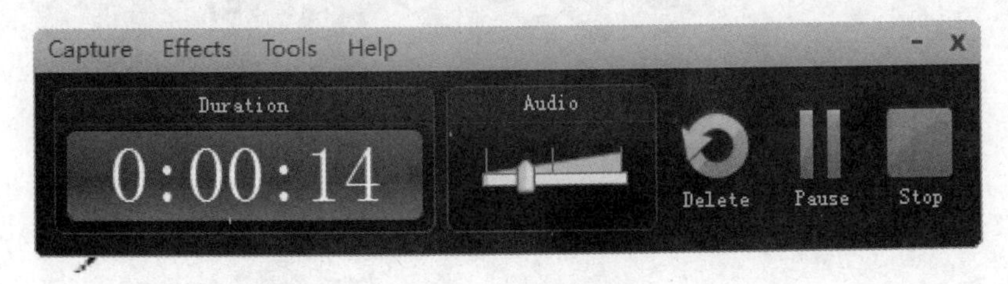

图 3-5　录制视频

（5）录制完成后单击 Stop 按钮，把已经录制好的视保存在磁盘里即可，如图 3-6 所示。

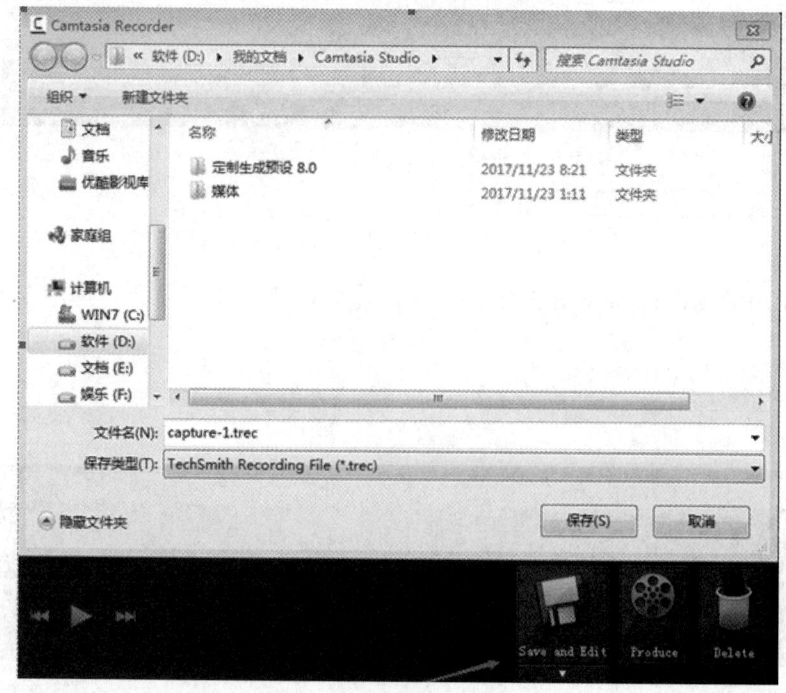

图 3-6　存储录制好的视频

注意：在保存时，有两种格式的存储方式：第一种是*.camrec，第二种是*.avi。camrec 只有在 Camtasia Studio 8 中才能打开，avi 格式属于通用格式，基本上所有的播放器都支持。但是，不推荐 avi 格式，因为实践发现，采用 avi 格式保存较长视频时可能会造成死机，此外 avi 生成文件较大。通常录制视频后需要对视频进行剪辑，因此推荐使用 camrec 格式。

3.1.3　教学案例

扫码看视频

3.1.3.1　案例效果

通过 Camtasia Studio 8 录制一份 PPT，实现录制视频的便捷快速操作，如图 3-7 所示。

图 3-7　案例效果

3.1.3.2　案例操作流程

本案例操作流程如图 3-8 所示。捕获设置，即根据捕获多个图像来设置快速保存，并在捕获图像中包括光标指针。捕获图像是关键，根据捕获对象的不同，分别选择“多区域”“窗口”“滚动区域”的捕获命令，进行具体捕获操作。图像修饰包括图像分辨率、颜色的调整和利用绘图工具绘制图形，输入文字。对于图像保存，由于设置了快速保存，捕获的图像自动存储在指定位置，文件命名也按序列递增，只需要在图像修饰后直接选择“文件”/“保存”命令，不再出现“另存为”对话框。

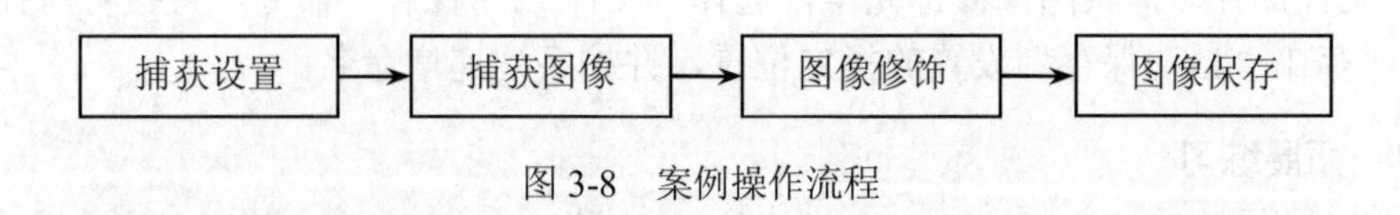

图 3-8　案例操作流程

3.1.3.3　案例操作步骤

（1）导入我们需要剪辑的视频、图片或音频时，通常有两种导入方法：

第一种：单击工具栏“文件”按钮，选择“导入媒体”命令，然后选择所需要的媒体文件。

第二种：在编辑框中右击，选择“导入媒体”命令，如图 3-9 所示。也可直接打开需要录制的素材文件。

新建项目(N)　Ctrl+N
打开项目(O)...　Ctrl+O
最近项目(R)
保存项目(S)　Ctrl+S
项目另存为(A)...
压缩导出项目为 Zip(Z)...
生成并共享(P)...　Ctrl+P
专业制作(D)
导入媒体(I)...　Ctrl+I
从谷歌驱动器导入(G)...
最近录制(E)
库(L)
导入 Zip 项目(T)...
连接移动设备(C)...
退出(X)

图 3-9　导入素材文件

（2）打开素材文件“茶道文化”，单击编辑区 Record the screen 按钮右侧下三角按钮，选择 Record the screen 命令进行计算机屏幕录制。计算机屏幕的右下方会出现图 3-10 中的界面。

图 3-10 “录制”对话框

（3）单击开始录制按钮 rec 进行计算机屏幕录制。

（4）文件保存。捕获图像修饰完毕，选择“文件”/“保存”命令，直接将对捕获图像的修饰部分保存在“自动保存”设置的指定位置，并按序列递增命名。

3.1.4 拓展练习

1. 练习名称

完成网页中文字和图像的捕获。

2. 练习要求

（1）按要求搜索相关主题“屏幕录制软件的使用方法”。

（2）捕获多区域图像和滚动窗口文本。

3.2 Snagit 11 屏幕画面录制

3.2.1 教学目标

Snagit 11 是专业的抓图软件，有强大的图像、文字、视频的捕获功能。它提供了方案管理功能，可以对捕获模式进行输入、输出、效果和选项的设置；提供了一键操控功能，可以设置捕获热键。Snagit11 自带的编辑器还可以对图像进行多种效果设置和绘制图形、添加标签、设置热区等编辑，对文字进行格式、字体等的编辑，并将捕获对象保存成多种文件格式。

通过该案例的学习，读者能够熟练掌握使用 Snagit11 软件进行捕获方案设置、屏幕录制和图像捕获，并将捕获的图像在编辑器中进行简单编辑，存储为不同格式的文件。

3.2.2 教学内容

扫码看视频

3.2.2.1 基本知识

1. 捕获设置

启动 Snagit 11。在普通视图中，单击右下角的“图像”“文本”“视频”按钮，选择捕获模式，如图 3-11 所示。也可以选择“捕获”/“模式”命令，接着选择“图像”“文字”“视频”命令进行捕获设置。

选择“视图”/“Snagit 一键模式”命令，切换到一键模式视图窗口，单击工具栏的第二栏按钮，如图 3-12 所示。也可以选择“模式”子菜单选择“图像”“视频”命令进行捕获设置。

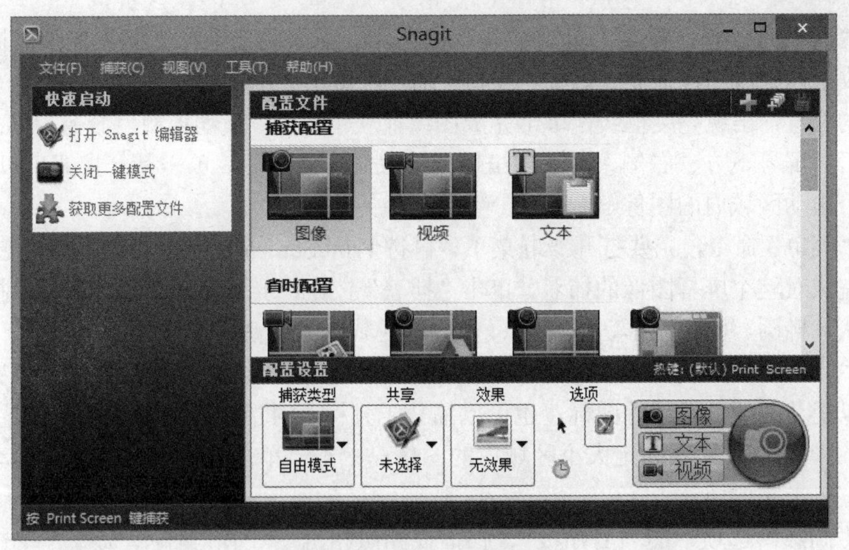

图 3-11 Snagit 11 启动界面——普通视图中的捕获模式

图 3-12 Snagit 11 一键模式中的捕获模式图标

2. 输入设置与捕获

（1）图像捕获模式。

捕获类型（自由模式）的“高级”选项下提供了多项命令，如图 3-13 所示。

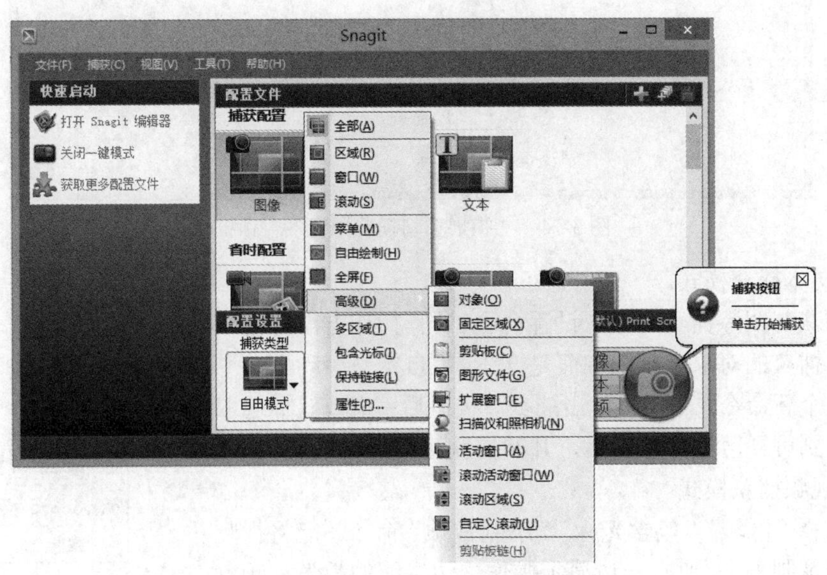

图 3-13 配置文件的“高级”菜单命令

选择“区域”命令，单击“单击捕获”按钮，屏幕出现十字线光标，拖拽鼠标进行区域选取，释放鼠标完成图像捕获。选择“窗口”命令，单击“单击捕获”按钮，光标呈手形，移动到选取的位置，出现亮度框线，单击完成图像捕获。选择“滚动窗口”命令，单击“单击捕获”按钮后，屏幕下方、右侧、右下角出现圆形双向箭头按钮，单击某一按钮可以捕获垂直、水平或整个滚动区域内的图像。

选择“菜单”命令，先要打开级联菜单，再按 Print Screen 键完成图像捕获。选择“全屏”命令可以完成对整个屏幕图像的捕获。单击“捕获”按钮，屏幕出现十字线光标，拖拽鼠标进行手绘形状、椭圆、圆角矩形、三角形、多边形区域图像捕获。

选择“高级”/“对象”命令，单击“单击捕获”按钮后，移动鼠标到捕获位置，单击框选后，可以捕获按钮、控件等图标，也可以捕获工具栏、对话框、窗口等图像。选择“高级”/“固定区域”命令只捕获固定大小区域内的图像，单击“单击捕获”按钮后，移动区域方框进行选取，单击完成捕获。

选择“高级”选项下的“剪贴板”“扫描仪和照相机”“图形文件”命令，单击“单击捕获”按钮后，直接以“打开”的方式，将已存储的图像在 Snagit 编辑器中打开并进行编辑和另存。选择“高级”/“DirectX”命令可以捕获 Direct 应用程序如游戏中的精彩画面图像。选择“高级”/“扩展窗口”命令使要捕获的窗口处于不是最大化的状态，单击“单击捕获”按钮后，出现“扩展窗口捕获预览”对话框，通过调整宽、高度的像素值，将大于屏幕的窗口内容捕获在一张图像上，还能通过单击“更新预览”按钮进行多次调整直至合适，如图 3-14 所示。

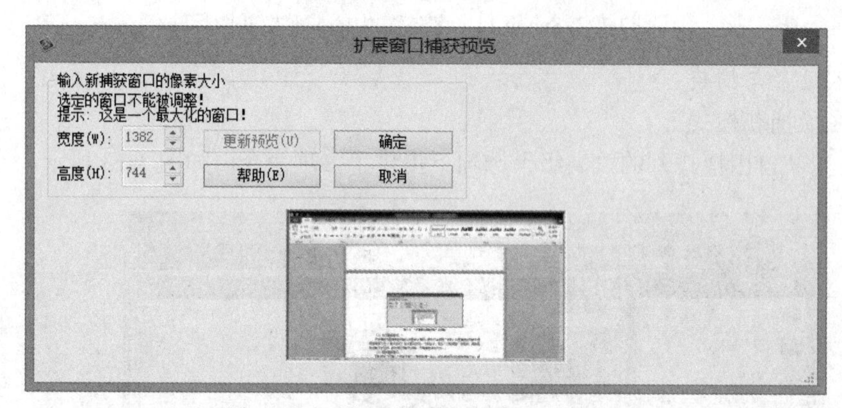

图 3-14　“扩展窗口捕获预览”对话框

（2）文本捕获模式。

文本捕获与图像捕获的输入设置命令相同，操作方法都是一样的，只是捕获的对象不是图像而是文本。“自定义滚动”命令是出现的一个新命令，单击“单击捕获”按钮后，拖拽鼠标选取文字区域，到可视区域的外部后，开始捕获滚动文本。

（3）视频捕获模式。

同时选择“区域”“包含光标”“录制音频”命令，能将视频同步的音频录制下来，通常一边演示操作一边讲解的教学视频就是这样录制的，如图 3-15 所示。

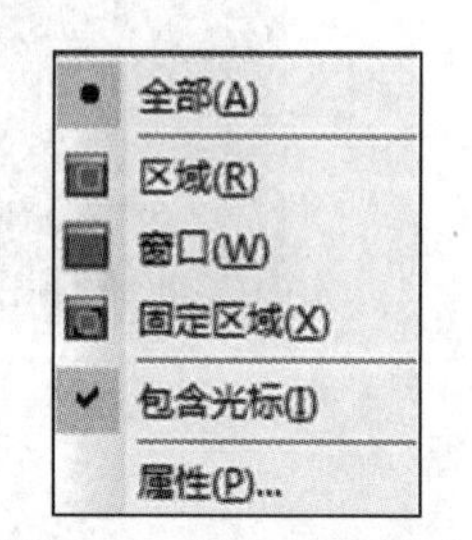

图 3-15　视频捕获模式

单击“单击捕获”按钮后，拖拽鼠标选取视频捕获区域，释放鼠标的同时打开“Snagit视频捕获”对话框，单击 rec 按钮开始录制，按 Print Screen 键后再次打开“视频捕获”对话框，显示捕获长度和文件大小，如需继续录制可单击“继续”按钮，最后单击“停止”按钮完成视频录制，如图 3-16 所示。

图 3-16　“视频捕获”对话框

3. 输出设置

Snagit11 提供了多种输出方式，默认情况下选择“在编辑器中预览”，可以输出至“剪贴板”留作粘贴时使用，也可以输出至“文件”以多种文件格式存储到硬盘上，还可以输出至“电子邮件”、FTP、“程序”，如图 3-17 所示。

4. 效果设置

一键模式视图中的“效果”菜单中提供了多项命令，可以设置图像“颜色模式”，将彩色图像转换为黑白、灰度图像，对图像进行“颜色替换”“颜色校正”等操作；还可以对图像进行“图像缩放”“图像分辨率”的设置，添加“标题”“边框”“边缘效果”“水印”等图像效果，如图 3-18 所示。

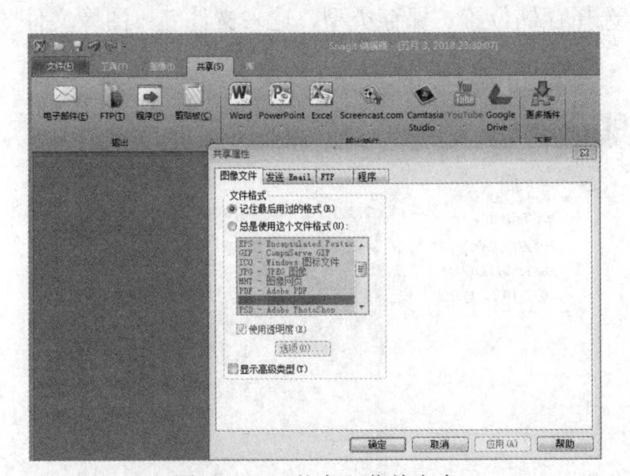

图 3-17　“共享”菜单命令

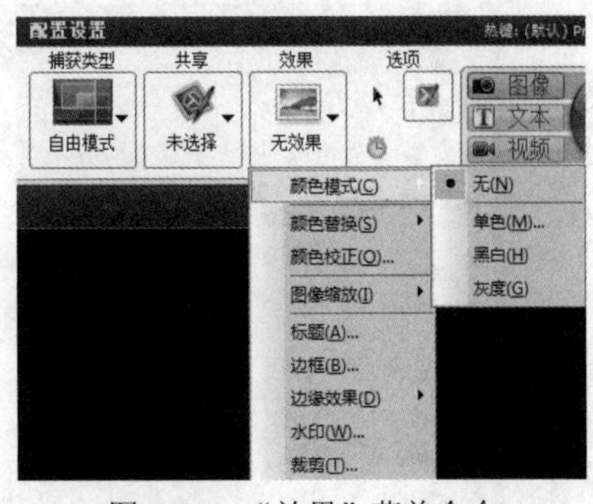

图 3-18　“效果”菜单命令

在普通视图中，“配置设置”列表栏的“效果”选项中包含一键模式视图中“效果”菜单的命令。

5. 编辑器设置

编辑器的“工具”选项卡包含多项绘制、编辑工具，如图 3-19 所示。可以通过“剪贴板”中的命令，完成“剪切”“复制”“粘贴”操作；可以选取“绘制工具”，在“样式”选项组中设置其“轮廓”“填充”“效果”后，在图像上拖拽完成图形绘制、文字输入；可以通过“对象”中的命令，实现图像的翻转和排列等操作；通过“共享”选项组中的命令，可以将编辑好的图像发送到“电子邮件”、FTP、“剪贴板”或“程序”中。

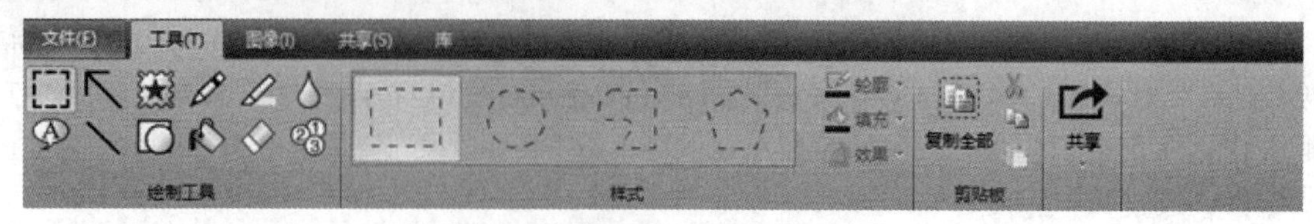

图 3-19　编辑器的“工具”选项卡

编辑器的“图像”选项卡包含多项图像处理命令。可以通过“画布”选项组中的命令，实现图像的“裁剪”“旋转”“调整大小”等操作；可以通过“图像样式”选项组中的命令，实现边框效果设置；可以通过“修改”选项组中的命令实现灰度、水印、变焦和放大等设置，同时“颜色效果”选项中提供了颜色校正、替换、反色等处理，“过滤器”选项提供了删除噪点、曝光、锐化等图像效果处理，如图 3-20 所示。

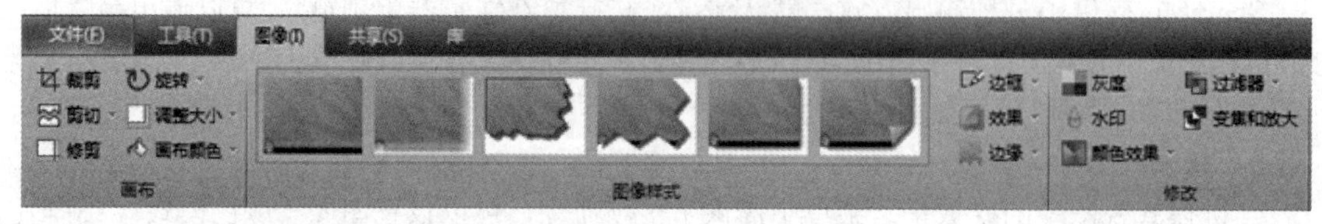

图 3-20　编辑器的“图像”选项卡

6. 保存和应用

捕获结束后，捕获的对象会自动在编辑器中打开，修饰完毕后单击左上方的磁盘形状的“保存”按钮，打开“另存为”对话框，选择存储位置、保存类型，输入文件名。图像文件的保存类型如图 3-21 所示。

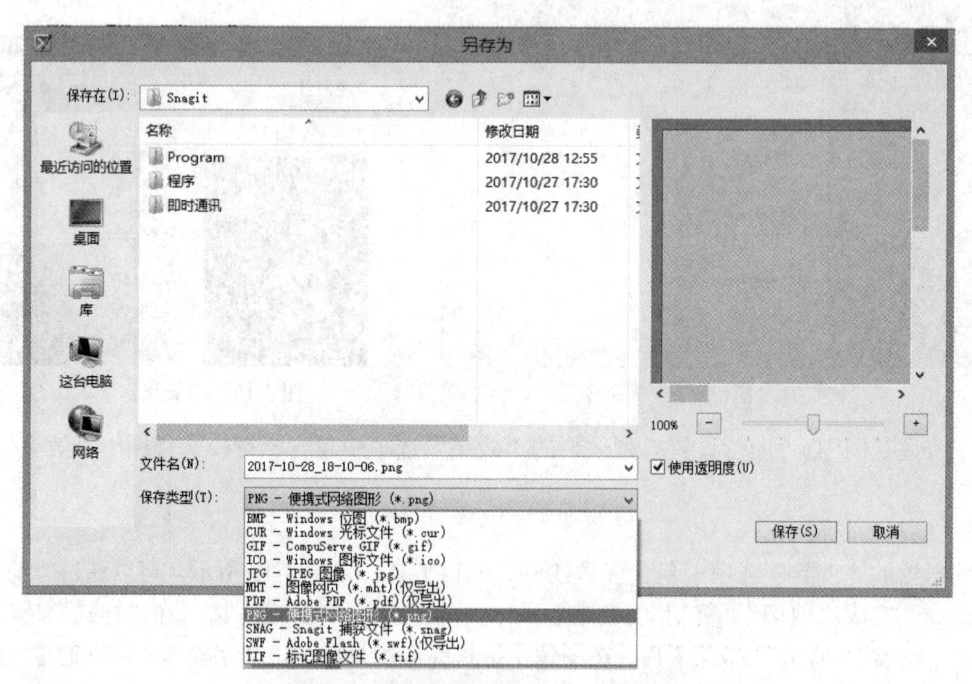

图 3-21　捕获图像的“另存为”对话框

捕获的图像、文本、视频文件保存好之后，可以作为素材导入到多媒体创作工具中。

3.2.2.2 技巧方法

（1）利用“输出”/“共享属性”命令，可以设置图像、文字、视频文件的自动保存位置、类型，并进行序列递增命名，如图3-22所示。

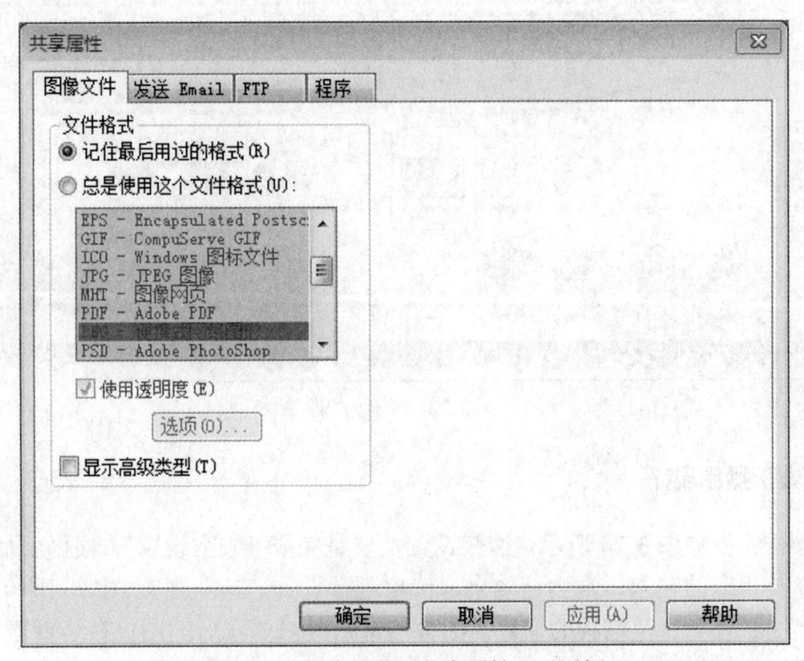

图3-22 图像捕获“共享属性”对话框

（2）利用“定时捕获”选项，可以设置延时的秒数，在屏幕显示的倒计时时间内所选择的全部对象都可以保存下来。

（3）利用普通视图中的“配置设置”列表栏可以设置捕获类型、共享、效果和选项，单击“预设方案”的“+”按钮，保存为“我的配置文件”，接着可以通过“快速启动”中的“打开一键模式”直接捕获对象。

（4）利用“工具”/“程序首选项”命令，可以设置捕捉方案的热键。

（5）利用“工具”/“程序首选项”命令还可以设置捕获前显示/隐藏Snagit、编辑器选项等。

（6）利用“文件”中的“转换图像”可以批量转换图像格式。

3.2.3 教学案例

3.2.3.1 案例效果

本例中录制计算机屏幕操作。打开资源管理器，找到WINWORD.EXE图标，捕获最终图像，设置边缘效果，添加个性水印。要求捕获的图像为分辨率300×300px、灰度、tiff格式，存储在D:\“素材”文件夹下，命名为“资源管理器中查找Word.avi”，如图3-23所示。

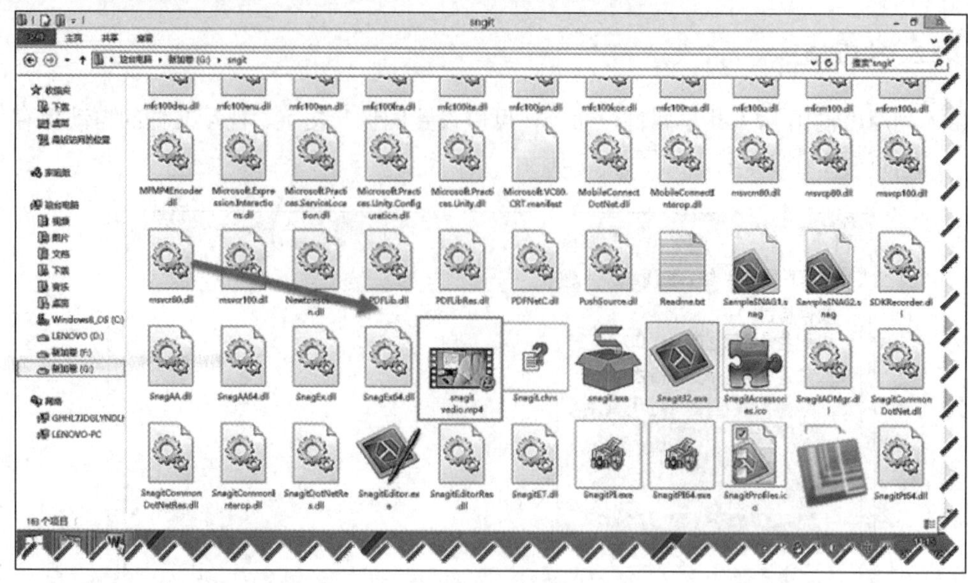

图 3-23　案例效果

3.2.3.2　案例操作流程

本案例操作流程如图 3-24 所示。捕获设置主要是完成“方案设置”，根据要捕获的对象对“捕获模式”及相应的输入、输出、效果、选项进行设置。捕获视频/图像，即单击“单击捕获”按钮或热键进行对象及过程的捕获。图像修饰，即对捕获后的图像在编辑器中进行编辑。最后进行捕获文件的保存。

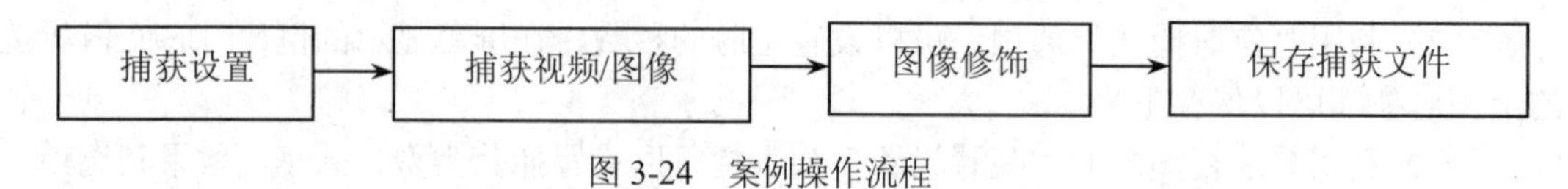

图 3-24　案例操作流程

3.2.3.3　案例操作步骤

1. 捕获视频

（1）捕获设置。

启动 Snagit，在普通视图的“配置设置”列表栏中，单击“视频”按钮，选择“捕获类型”为区域、“共享”为文件，单击“选项”中的“光标”和“在编辑器预览”按钮，如图 3-25 所示。

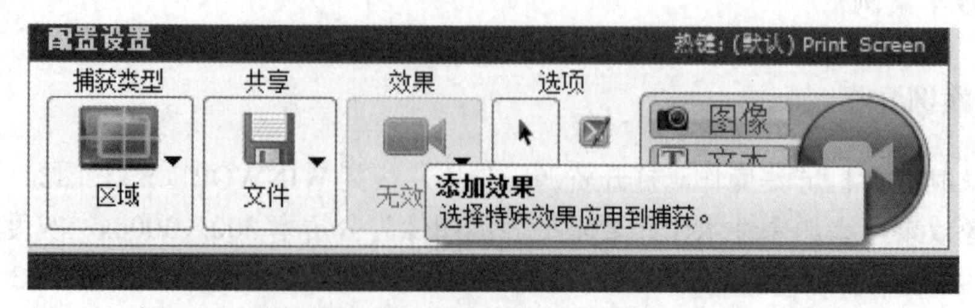

图 3-25　普通视图中视频捕获模式的“配置设置”列表栏

（2）开始录制。

单击右下角的圆形“单击捕获”按钮，在屏幕拖拽选取区域，释放鼠标的同时打开“Snagit视频捕获”对话框，单击 rec 按钮开始录制。

（3）结束录制。

屏幕操作完毕，按 Print Screen 键后再次打开“Snagit 视频捕获”对话框，显示捕获长度和文件大小，单击“停止”按钮完成视频录制。

（4）保存视频。

在编辑器窗口中，单击“保存”按钮，选择保存位置为 D:\“素材”文件夹，存储为“录制视频 mp4”，如图 3-26 所示。

图 3-26　编辑器中保存——“另存为”对话框

2. 捕获图像

（1）捕获设置。

在普通视图的“配置设置”列表栏中，单击“图像”按钮，选择“捕获类型”为“窗口”，“共享”为“未选择”，“效果”为“50%灰度”，单击“选项”中的“光标”和“在编辑器预览”按钮，如图 3-27 所示。

图 3-27　普通视图中图像捕获模式的“配置设置”列表栏

（2）捕获图像。

单击右下角的圆形“单击捕获”按钮，将鼠标指针移动到“资源管理器”窗口，框选部分呈亮度显示，单击完成图像捕获。

扫码看视频

3. 图像修饰

（1）在编辑器的“绘制工具”选项组中，选择“形状”绘图工具，如图 3-28 所示，拖拽选中 WINWORD.EXE 图标。

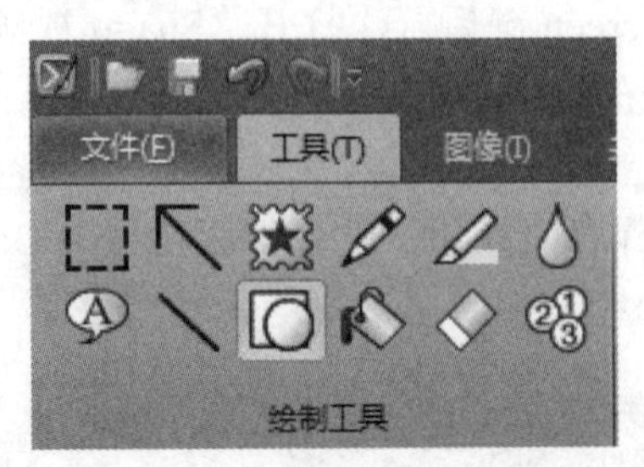

图 3-28 “绘制工具”选项卡

（2）在编辑器的“图像”选项卡中，选择“图像样式”为“撕边”，如图 3-29 所示。

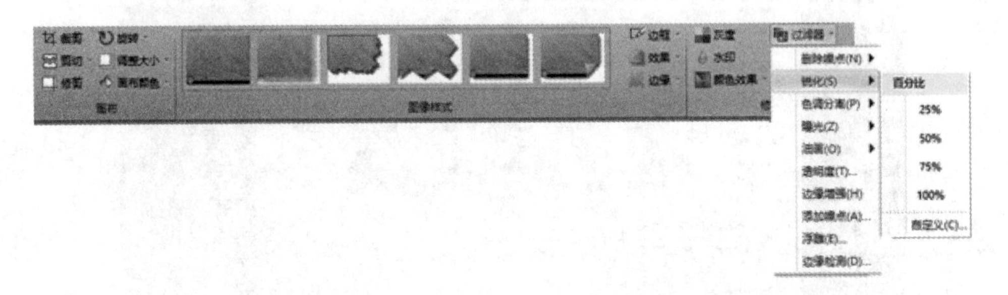

图 3-29 编辑器中“图像样式”和“过滤器”效果设置

（3）拖拽选中 WINWORD.EXE 图标，选择“修改”/“滤镜”/“锐化”命令，选择锐化的百分比为 100%。

（4）选择“修改”/“水印”命令，在打开的“水印”对话框中勾选“启用水印”复选框，选择之前制作好的署名图片，选择“覆盖”的显示效果，如图 3-30 所示。

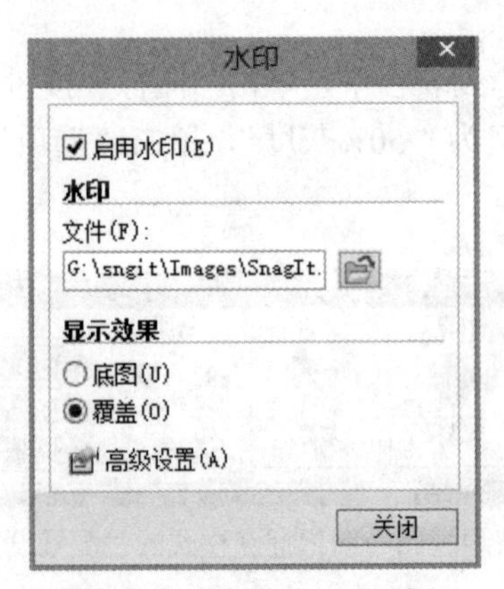

图 3-30 “水印”对话框

（5）保存图像。在编辑器窗口中，单击“保存”按钮，选择保存位置 D:\“素材”文件夹，存储为“资源管理器中查找 Word.tiff”。

3.2.4 拓展练习

1. 练习名称

完成屏幕视频的捕获。

2. 练习要求

（1）截取视频片断。

（2）进行区域捕获，不包括原视频边缘的印记。

3.3 Ulead GIF Animator 5 二维动画制作

3.3.1 教学目标

Ulead GIF Animator 5 是制作 GIF 动画常用的软件，可以添加图像和视频文件，在对象管理器面板、帧面板和编辑窗口中对文字、图像进行编辑，形成帧动画或补间动画，通过帧延迟来控制动画的播放速度，可以保存为 uga、jpg、swf 等多种格式的图像文件、图像序列、视频文件，还可以导出 html 文件、活动桌面和.exe 动画包文件。

通过本节案例的学习，读者能够熟练掌握使用 ULead GIF Animator 5 软件进行二维动画的制作和编辑；熟练掌握动画文件的创建和保存，设置画布大小，添加图像、帧、文本条，利用工具面板的工具修改图像、添加文字对象，通过对象管理器面板和帧面板的操作，完成 GIF 动画的制作和编辑。

3.3.2 教学内容

3.3.2.1 基本知识

1. 新建动画

启动 ULead GIF Animator 5，在“启动向导”对话框中，单击“动画向导”或“空白动画”图标来创建动画，如图 3-31 所示。

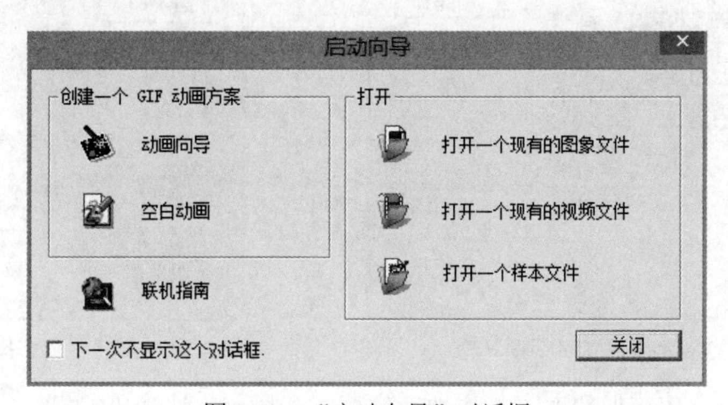

图 3-31 “启动向导”对话框

直接关闭“启动向导”对话框，进入 ULead GIF Animator 5 的工作界面，如图 3-32 所示。

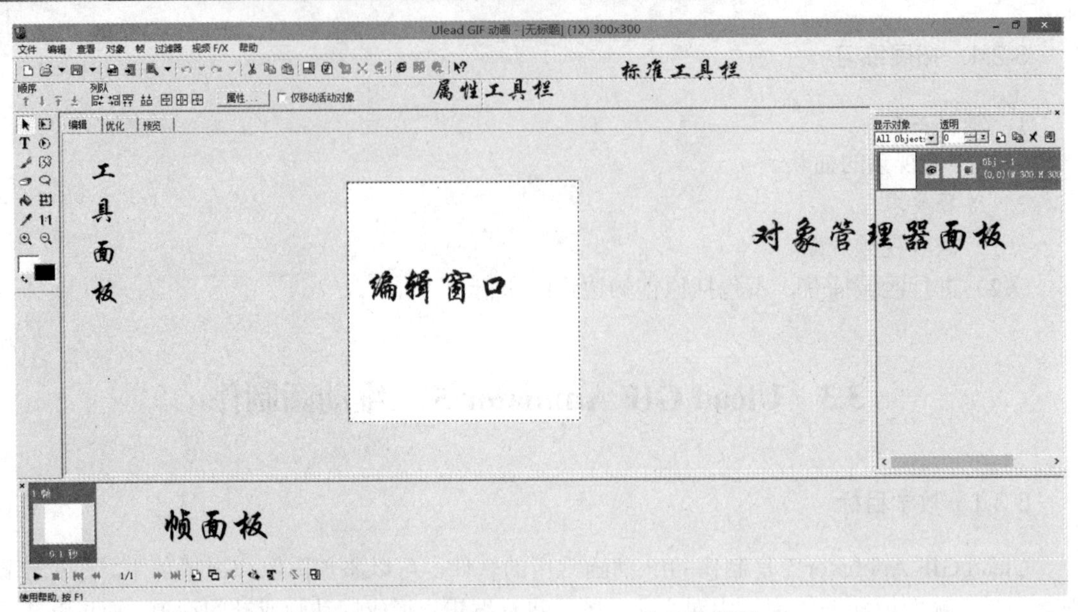

图 3-32　Ulead GIF Animator 5 的工作界面

需要提示的是：工作区有“编辑”“优化”“预览”三个选项卡。启动程序后在“编辑”选项卡下对编辑窗口内的对象进行编辑操作，选择“预览”选项卡可以预览动画效果，选择“优化”选项卡有文件压缩和下载时间的前后对比提示，可以进行“优化”并保存文件。

选择“文件”/“新建”命令，在“新建”对话框中，设置画布尺寸和外观，如图 3-33 所示。在对象管理器面板、帧面板和编辑窗口中呈现空白对象。

2. 画布与对象大小

选择“编辑”/“画布尺寸”命令可以重新调整画布尺寸，勾选“保持外表比率”复选框来锁定宽高比，在“尺寸参考”选项组中可以通过选择“按位置”单选按钮来调整图像在画布中的位置，通常选择“居中”位置，如图 3-34 所示。调整画布的大小不改变图像大小，如果画布小于图像大小，则只能显示图像的局部。

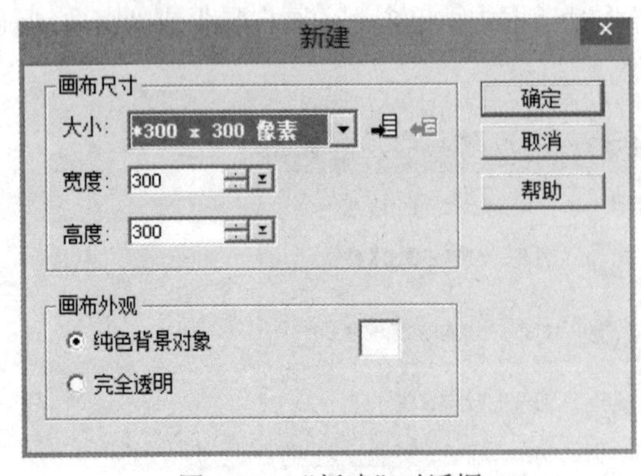

图 3-33　“新建”对话框

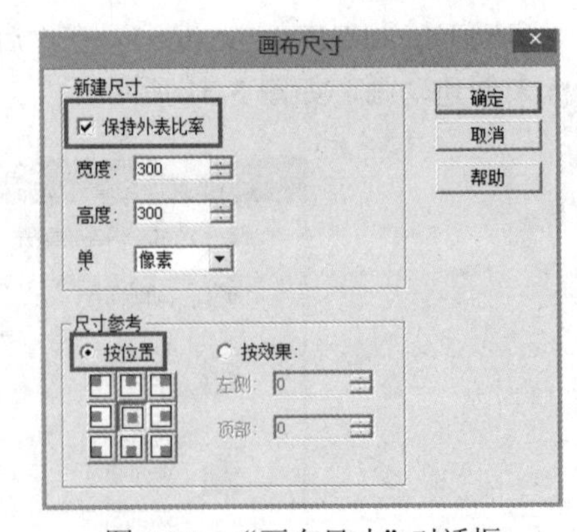

图 3-34　“画布尺寸”对话框

在编辑窗口中，用矩形选取工具拖拽选取画布区域后，选择“编辑”/“修整画布”命令，保留选中区域的画布大小。

选择“编辑”/“调整图像大小”命令，随着图像的放大或缩小，等比例修改画布大小，不改变图像在画布中的位置。

3. 对象操作

扫码看视频

（1）插入图像或视频。

选择“文件”/“添加图像”命令，在“打开图像文件”对话框中，如图3-35所示，选择某一图像文件，在左下方可以预览图像内容，显示图像信息。默认是在“当前帧插入”，若当前帧已经有对象，则勾选“插入为新建帧”复选框。单击“打开”按钮完成插入，则对象管理器面板和帧面板上分别出现插入的图像。

图3-35 “打开图像文件”对话框

也可以拖拽选中多个图像文件，插入后对象管理器面板出现的多个图像同时在帧面板的同一帧内显示。如果导入的图像由多帧组成，如gif动画图像，则勾选“导入由多帧组成分配到单独帧”复选框，插入后自动产生多帧并对应多个图像对象。

选择“文件”/“软件视频文件”命令，选择插入的视频文件，根据视频中的图像自动产生多帧。同时在对象管理器面板出现对应数量的图像对象。

（2）编辑图像。

利用工具面板上的工具对图像进行编辑，“选取”工具可以对图像进行局部选取，“变形”工具可以实现图像的缩放和旋转，“文字”“画笔”工具可以在图像上添加文字和图画，“擦除”工具可以擦除图像上的内容，“拾取颜色”工具可以选取图像上的色彩作为前景色，“填充”工具将以前景色填充选中的对象或画布，如图3-36所示。

需要提示的是：单击选中某一工具后，请注意属性栏中的设置，可以修改工具属性，使工具更有效地进行对象的编辑。

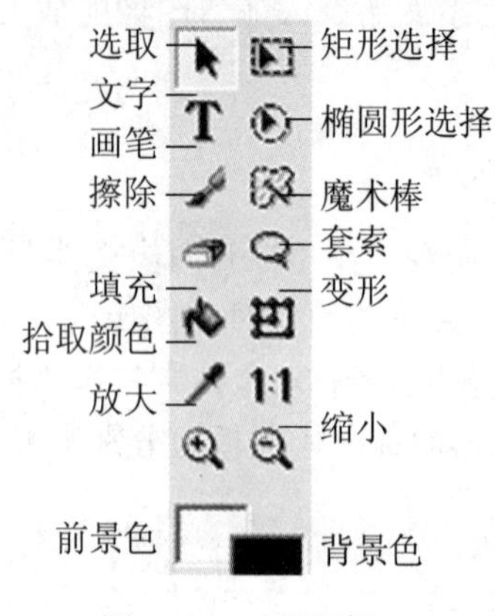

图 3-36　工具面板

（3）对象管理器面板中的操作。

单击对象的缩略图，对应行呈亮度显示，即选中对象。可以拖拽对象在面板中上下移动，以改变层次关系，在面板最上面的图像在编辑窗口中的图像层次也在最上面。

单击对象缩略图右侧的第一个方框“显示”按钮，呈眼睛状态，表示图像呈显示状态，再次单击则关闭“显示”，图像呈隐藏状态。单击第二个方框“锁定”按钮，呈锁定状态，表示图像锁定不能进行编辑修改，再次单击则取消“锁定”。

在“显示对象”下拉列表框中可以选择 All Object 或 Visible。在“透明”组合框中可以输入数值改变图像透明度，数值越大透明度越高，为 99 时完全透明。通过单击右侧的按钮可以依次实现插入空白对象、插入与选中对象相同的对象、删除选中对象的操作，如图 3-37 所示。

图 3-37　对象管理器面板

4. 帧操作

（1）添加帧。

单击帧面板上的“添加帧”按钮，添加空白帧；单击“添加相同帧”按钮，可以添加与上一帧相同的帧，如图 3-38 所示。

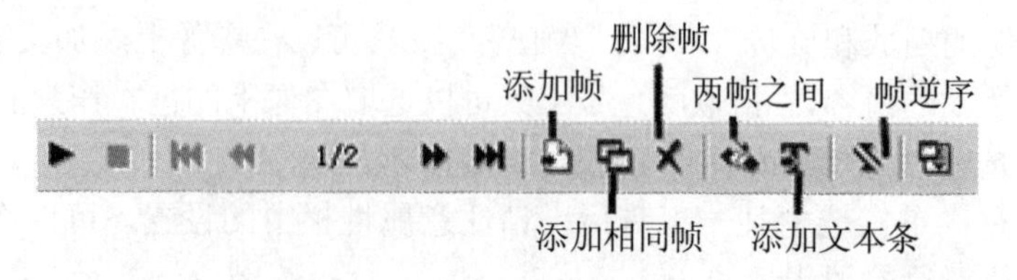

图 3-38　帧面板

按 Shift 键选中连续的两帧，单击“两帧之间”按钮，在打开的 Tween 对话框中利用“画面帧”选项卡在两帧之间添加多帧，可以调整帧延迟，如图 3-39 所示。在“对象”选项卡中可以完成两帧之间对象在位置和透明度上的自然过渡效果。

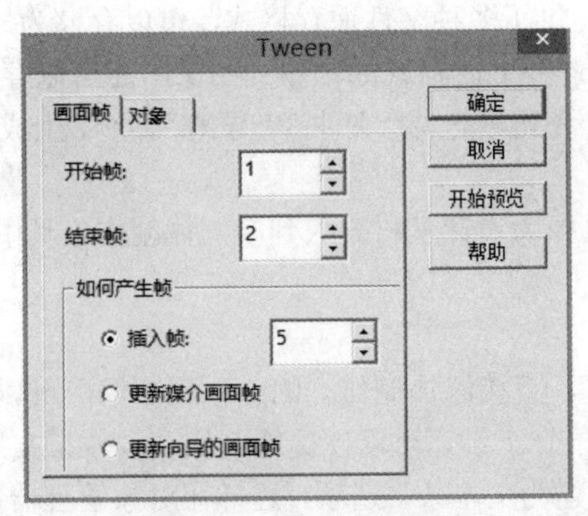

图 3-39　Tween 对话框

（2）改变帧的顺序。

在帧面板上可以通过鼠标直接拖拽缩略图到新的位置上来调整帧的顺序。按 Shift 键选中连续的多帧，单击“帧逆序”按钮可以实现这部分动画顺序的倒置。

（3）帧延迟。

双击帧面板上的缩略图，打开“画面帧属性”对话框，输入延迟时间。

（4）添加文本条。

单击“添加文本条”按钮，在打开的“添加文本条”对话框的“文本”选项卡中输入文字内容并对文字进行编辑，在“效果”选项卡中设置“进入场景”或“退出场景”的动画效果，在“画面帧控制”选项卡中可以设置延迟时间，在“霓虹”选项卡中可以设置文字的霓虹效果，如图 3-40 所示。

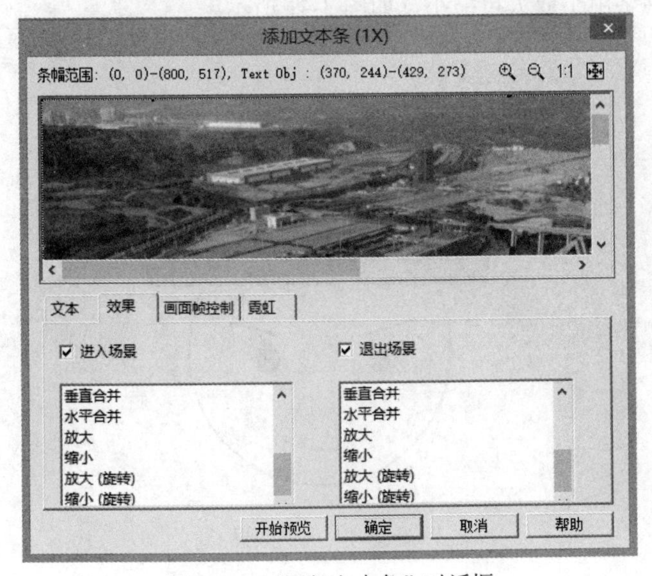

图 3-40　“添加文本条”对话框

5. 保存和应用

动画制作完毕，可以通过选择“文件”/“保存”命令，存储文件为uga格式，即ULead GIF Animator 5的源文件，便于随时在ULead GIF Animator 5软件中打开并编辑。除此之外选择“文件”/“另存为”命令，还提供了多种文件保存格式，可以存储为gif、uga、ufo、psd格式的图像文件，将动画存储为jpg和png格式的帧序列图像，还可以存储为avi格式的视频文件和swf格式的Flash动画文件。还可以选择“文件”/“导出”命令，生成html文件、活动桌面和.exe动画包文件。

保存好的动画文件可以作为设计素材导入到多媒体创作工具中。

3.3.2.2 技巧方法

（1）利用“动画向导”，直接添加制作好的一系列图像，可以快速地建立简单的帧动画。

（2）利用“添加文本条”工具，可以便捷地制作动画效果文字。单击“确定”按钮出现提示菜单，选用推荐的“创建为文本条”选项，这样在对象管理器面板中只有一个对象，否则会出现和文本条动画帧数量对应的多个对象。

（3）利用对象管理器面板中的“显示/隐藏”设置，可以设定同一对象在不同帧中的显示，也可以让不同对象在同一帧中同时显示。

（4）利用“视频Fx”菜单中的命令可以添加动画的转场或滤镜效果，同时也大大增加了文件的大小。

（5）利用添加完成的GIF动画，可以进行编辑修改，形成新的动画。

3.3.3 教学案例

扫码看视频

3.3.3.1 案例效果

本案例制作GIF动画“变形大师”。标识始终在画面左上角，小人偶从右下角移动进入画面，“变形大师”的字由小放大再缩小，如图3-41所示。

图3-41 案例效果

3.3.3.2 案例操作流程

本案例操作流程如图 3-42 所示。主题设计，根据主题选取图像素材，准备图像素材“小人偶”和“标识”。初步设计各图像在画面中的位置和出现顺序。根据应用确定动画的画布尺寸。导入图像后，编辑图像在画布中的位置、大小和透明背景效果，添加文字对象。最关键的部分是制作和保存帧动画，在帧面板选中帧，在对象管理器面板单击“显示”按钮显示或隐藏对象，添加相同帧后，添加中间帧并设置补间动画的对象位置、透明效果，添加文本条，设置文字内容和效果，预览动画后调整帧延迟，存储动画文件为 uga、gif、swf 格式。

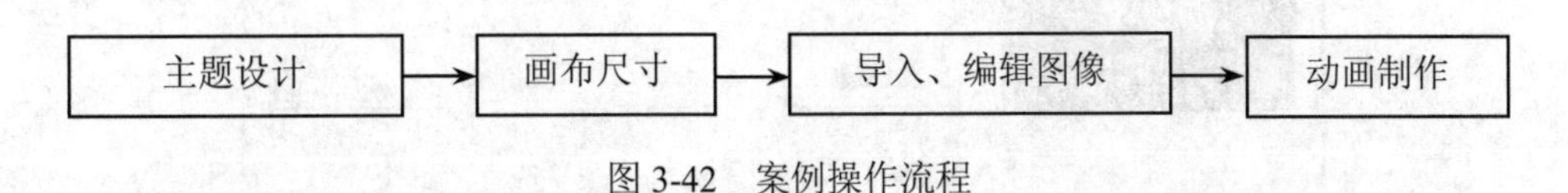

图 3-42 案例操作流程

3.3.3.3 案例操作步骤

1. 主题设计

围绕主题设计一个“小人偶”图像，先进行初步布局和动画设计。

2. 画布尺寸

启动 ULead GIF Animator 5，在“启动向导”对话框中，单击“动画向导”图标，设置画布尺寸，在“宽度”“高度”下拉列表框中均输入 300，如图 3-43 所示。

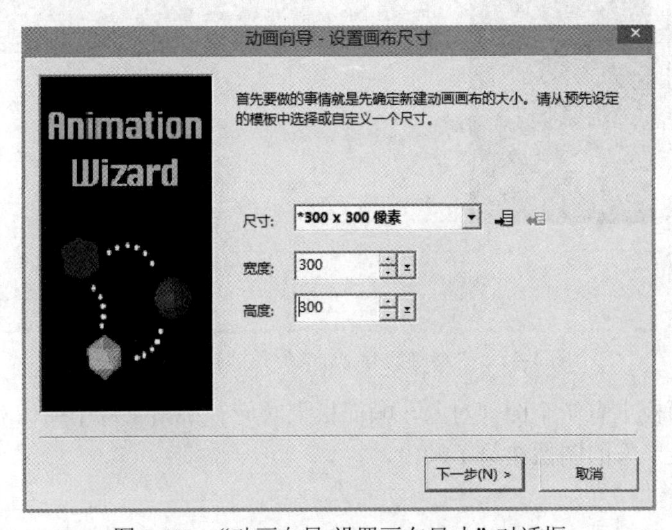

图 3-43 “动画向导-设置画布尺寸”对话框

3. 导入、编辑图像

（1）添加图像。

单击“动画向导-选择文件”对话框的“添加图像”按钮，在“打开”对话框中，拖拽鼠标用矩形框选中备好的素材文件夹中的 7 个图像，单击“下一步”按钮，不改动“动画向导-画面帧持续时间”对话框中的设置，再次单击“下一步”按钮，最后单击“完成”按钮，如图 3-44 和图 3-45 所示。

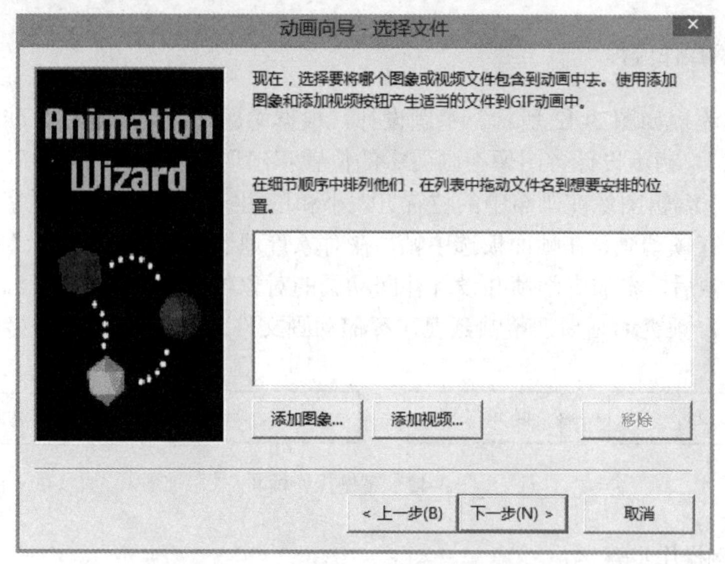

图 3-44　“动画向导-选择文件”对话框

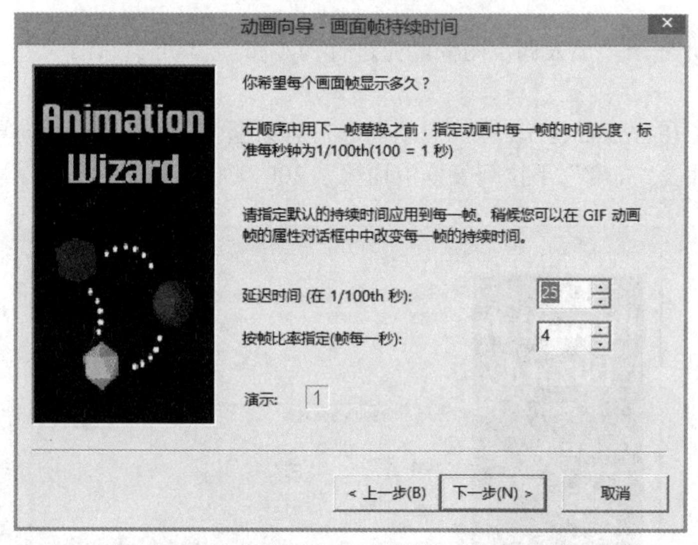

图 3-45　“动画向导-画面帧持续时间”对话框

对象管理器面板上有 7 个图像对象，帧面板上对应有 7 帧，每个图像对象出现在一帧中，对象管理器面板最下方的图像在第 1 帧中。

（2）去除图像背景。

选择“魔术棒”工具，在属性栏的“近似值”中输入 30。在图像的背景处单击，按 Delete 键去除背景色。

（3）添加文字。

选择“文字”工具，在画布上单击，打开“文本条目框”对话框，输入作者并进行字体、字号的简单编辑，单击“色块”按钮，打开“Windows 颜色拾取器”，选择颜色为“黄色”，单击“确定”按钮后添加到对象管理器面板。如需修改文字，双击对象管理器面板上的对象缩略图，在快捷菜单中选择“编辑文本”命令，再次打开“文本条目框”对话框，如图 3-46 所示。

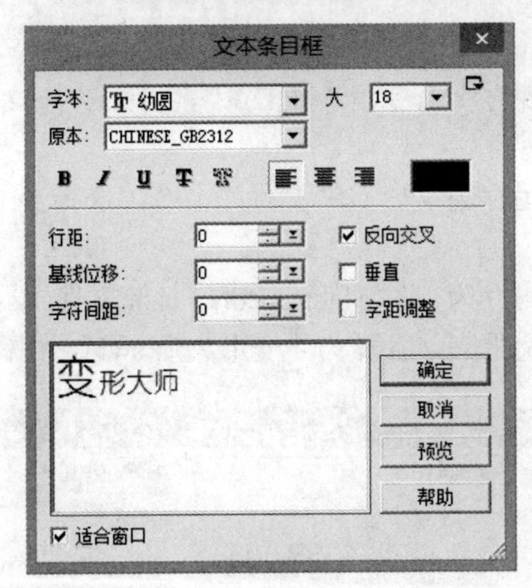

图 3-46 “文本条目框”对话框

（4）添加相同文字对象。

在对象管理器面板上，选中文字，单击“相同对象”按钮。选择“文字”工具，在属性栏修改颜色为“粉色”。

4. 制作帧动画

（1）打开动画编辑面板，单击选中图像。

（2）添加相同帧。选中第3帧，单击帧面板上的“添加相同帧”按钮，再选中第8帧，连续两次单击帧面板上的“添加相同帧”按钮，让动画有连续的动作。

（3）添加两帧之间的位置动画。按 Shift 键选中连续的第1帧和第2帧，单击“两帧之间”按钮，打开 Tween 对话框，在“画面帧”选项卡中设置“开始帧”和“结束帧”。单击“确定”按钮完成位置改变的补间动画，在第7帧与第8帧之间重复以上操作，如图 3-47、图 3-48 所示。

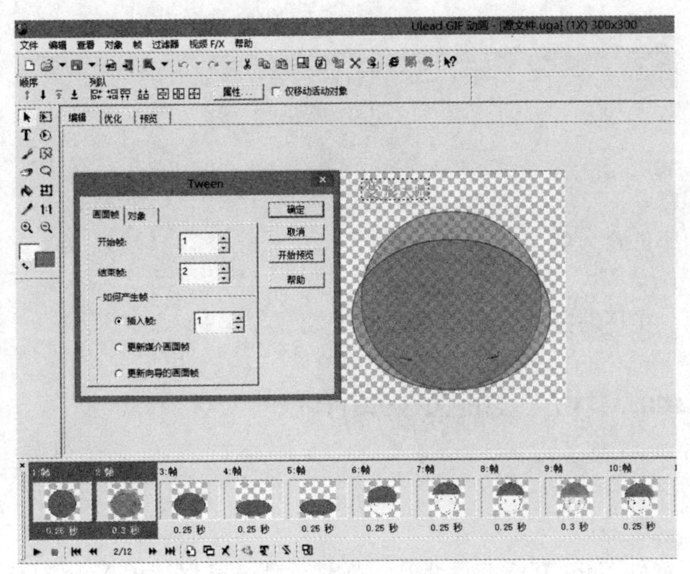

图 3-47 Tween 对话框

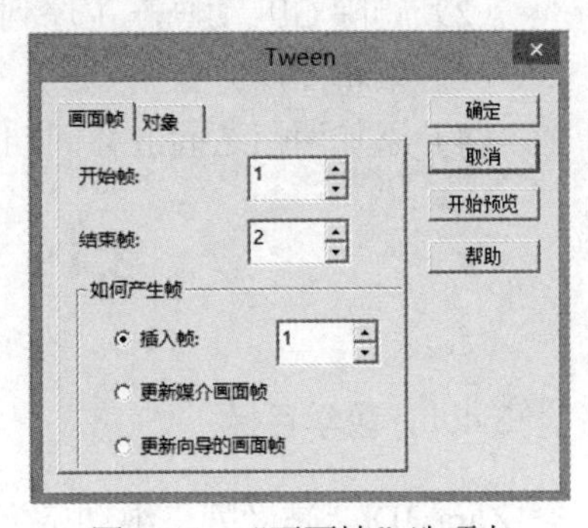

图 3-48 “画面帧”选项卡

5. 保存帧动画

（1）选择“文件”/“保存”命令，选择 D:\“素材”\“源文件”文件夹，存储为“变形大师.uga”。

（2）选择“文件”/“另存为”/“GIF 文件”命令，选择 D:\“素材”\“动画”文件夹，存储为“变形大师.gif”。

（3）选择“文件”/“另存为”/“Macromedia Flash 文件(*.swf)”/“使用 JPEG”命令，选择 D:\“素材”\“动画”文件夹，存储为“变形大师.swf”，如图 3-49 所示。

图 3-49　“另存为”对话框

3.3.4　拓展练习

1. 练习名称

制作环保主题的 GIF 动画。

2. 练习要求

（1）添加图像，可以是 GIF 动画。

（2）删除 GIF 动画产生序列帧中的部分帧。

（3）编辑图像。

（4）添加两帧之间的补间动画，实现对象位置或透明的过渡效果。

3.4　Xara 3Dv7 三维文字制作

3.4.1　教学目标

Xara 3Dv7 是老牌三维动感字幕软件 Xara 3D6 的最新升级换代软件。它保持了 Xara 3D6 的原有优点，最新的 Xara 3Dv7 版本增加了大量动画和字体风格，支持风格设置导入，并且还可以导出为静态图片、动画 GIF、Flash 动画甚至屏保图片，界面简洁、功能强大。

通过该案例的学习，读者能够熟练掌握文字的插入和编辑，以及对特效的添加、编辑和简单的文字动画制作，从而全面掌握三维文字制作软件的实际应用。

3.4.2 教学内容

3.4.2.1 基本知识

1. 插入文字

启动 Xara 3Dv7 后，单击左侧对象工具栏的 *Aa* 按钮，如图 3-50 所示。也可以使用“编辑”/“插入文本”命令，或按 Alt+T 组合键。

图 3-50 Xara 3Dv7 启动界面

单击左侧对象工具栏的 *Aa* 按钮后弹出“文本选项”对话框，如图 3-51 所示。选择字体、字号、字形及排列方向后，输入文字。单击“确定”按钮完成文字的插入。需要注意的是跨行符号的使用，它意为其前的文字显示后，再显示符号后的文字。如果 Xara 后面有字要显示也应加跨行符号；如果没字也加了跨行符号，则会显示空。完成后单击“确定”按钮。

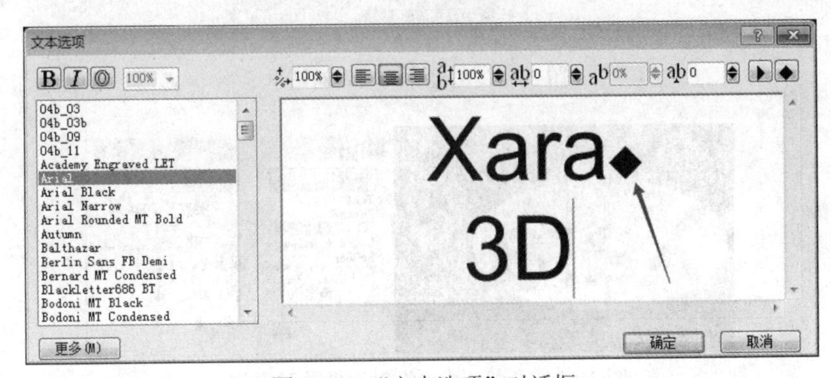

图 3-51 “文本选项”对话框

2. 设置文字

（1）颜色选项。

输入文字后，可以单击左侧对象工具栏中的“颜色选项”按钮，在面板右侧弹出与之对应的下拉菜单，从中选取某一个文字对象，如图 3-52 所示。

（2）挤出选项。

单击左侧对象工具栏的“挤出选项”按钮，也可以选择“选项”/“挤出”命令，或按 Alt+E 组合键，用鼠标拖拽的方式，进行深度的增减或轮廓宽度的修改，如图 3-53 所示。

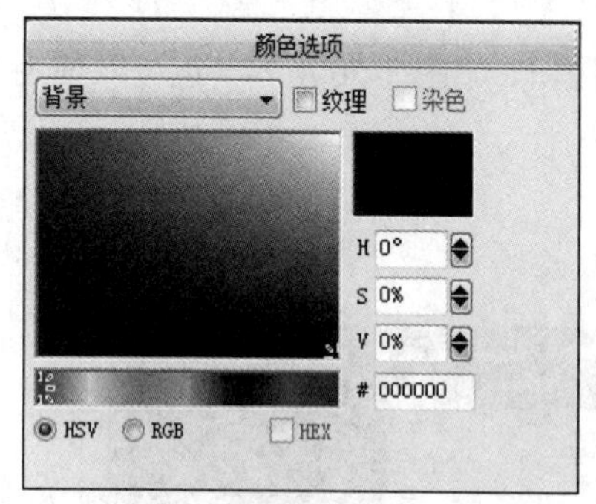

图 3-52　“颜色选项”对话框

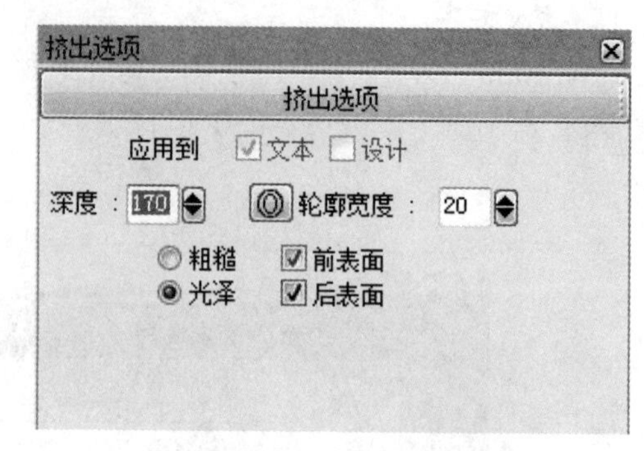

图 3-53　“挤出选项”对话框

（3）设计选项。

设计选项有五种，在菜单栏中单击“设计”按钮或在工具栏中单击“设计选项”按钮，会有五种设计形式，依次为文本、按钮、平面、平面+内切、边框五种形式，如图 3-54 所示，可以分别实现使文字对象以文本形式、按钮形式、平面形式、平面内切及边框形式进行角度的旋转、宽度伸展或压缩的效果，如图 3-55 所示。在设计前需要先单击某一按钮工具，然后通过单击或者拖动鼠标进行文字效果处理。

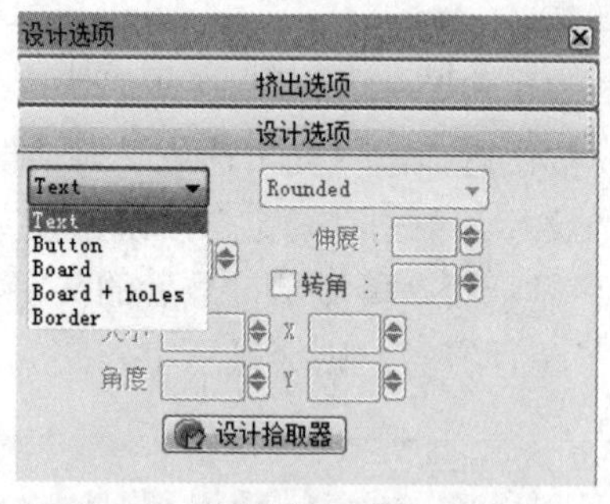

图 3-54　“设计选项”对话框

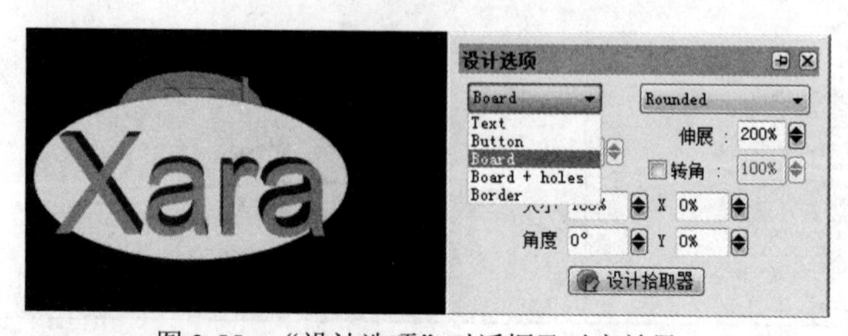

图 3-55　“设计选项”对话框及对应效果

（4）斜角选项。

通过斜角选项设置可以对文字对象的曲面或直线的倾斜角度和边缘线条进行调整。“斜角选项”对话框中有斜切和圆形两种形式的调整选项，还可以通过拖动鼠标滑块进行深度的调整，如图3-56所示。Xara 3Dv7里面有15种斜角特性，除了常用的30°、45°、60°的斜角外，还有圆角、平滑、方格、圆插入、方形插入、花式插入等。

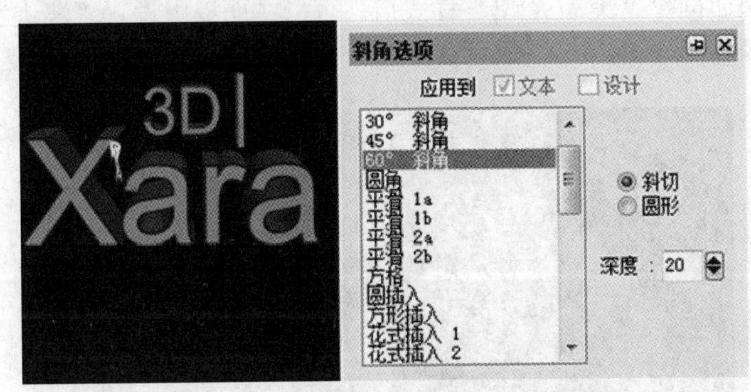

图3-56 “斜角选项”对话框及对应效果

（5）阴影选项。

单击“阴影”按钮，出现“阴影选项”对话框。上面的“阴影”复选框是设定是否产生阴影，下面的两个单选按钮分别设定产生阴影的样式，样式1是将对象模糊后做成模拟阴影，样式2是产生真正的投影阴影，右侧两个下拉列表框分别设定阴影的透明度和阴影的模糊程度。

我们按照默认值设定，即样式为1，颜色为黑色，透明度为75%，模糊度为10，如图3-57所示。需要注意：用在透明的场合，一般不要勾选“阴影”复选框。

图3-57 “阴影选项”对话框及对应效果

（6）视图选项。

视图选项可设置文字动画的位置、旋转、是否要线框，如图3-58所示。

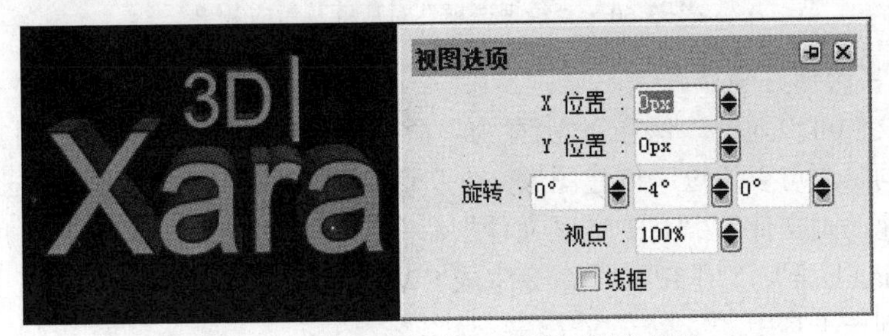

图3-58 “视图选项”对话框及对应效果

（7）动画选项。

单击“动画选项”按钮，出现“运画选项”对话框，如图 3-59 所示。“帧/周期”是总帧数，“帧/秒”是每秒帧数，“暂停”是第一帧和第二帧之间的暂停时间，通过设置这个数值，可使对象在开始运动之前，有一定时间的停顿。另外可以设置动画样式，单击“样式”下拉列表框，可以创建滚动进/出、旋转、摇摆、跳动、淡入淡出、波动、脉冲、波纹和单页播放等动画效果。例如创建“滚动进/出”样式后，可以在面板中设置“滚进”“滚出”的速度值等，实现特殊的动画效果。

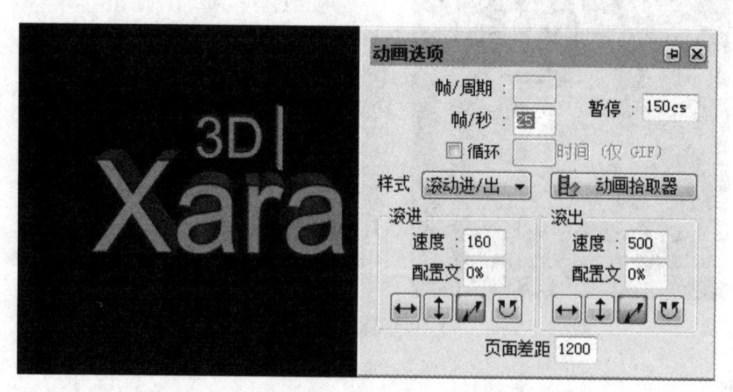

图 3-59　“动画选项”对话框及对应效果

（8）纹理选项。

单击“纹理选项”按钮，会出现“纹理选项”对话框及，如图 3-60 所示。这个对话框上有四个滑动条，分别是：纹理的比例、X 方向的偏移、Y 方向的偏移和倾斜角度。右下角还有一个“载入纹理”的按钮，单击这个按钮可以调入 Xara 3Dv7 自带的纹理或你自己创建的纹理，纹理的格式可以是 bmp、jpg、gif、png 四种格式之一。我们接受它的默认，纹理——木纹。

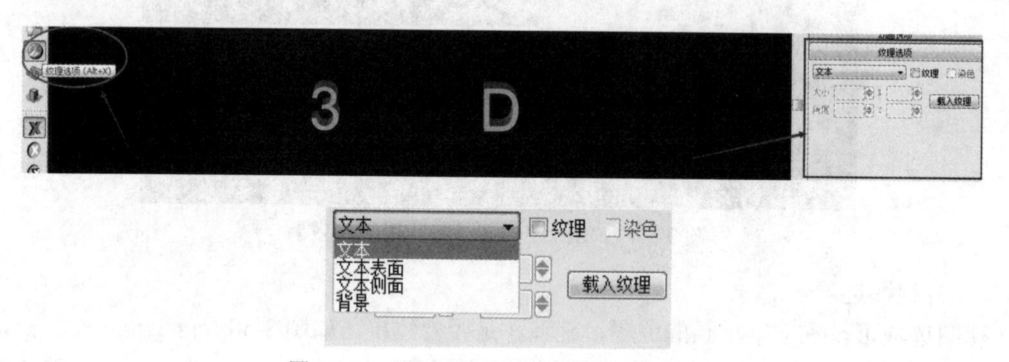

图 3-60　“纹理选项”对话框及对应效果

3. 三维文字的保存和应用

动画的源文件可以通过“保存”“另存为”命令，存储为扩展名为 x3d 的文件，以方便修改和再创作。同时还可以通过“创建图像文件”命令生成 bmp、gif、jpeg、tga 格式的图像文件。通过“创建动画文件”/“GIF 动画文件”命令生成 GIF 动画，如图 3-61 所示。通过“导出到 Micromedia Flash”/“用 JPEG”命令生成 SWF 动画。图像或动画文件可以作为原创素材导入到多媒体创作工具中。

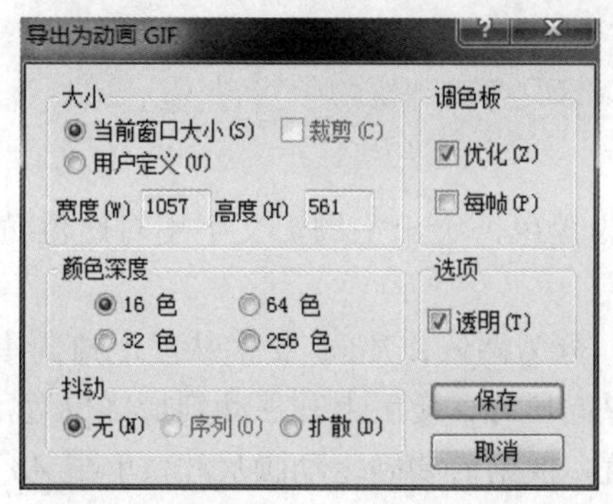

图 3-61 “导出为动画 GIF”对话框

3.4.2.2 技巧方法

（1）在弹出的“导出为动画 GIF”对话框中，对对话框中的各个选项注意选择，特别是“透明”选项。

（2）调整“图案选项”里的“形状”“伸展百分比”“尺寸”“角度”和“XY 轴”，同时调整界面中的“灯光”“动画选项”和“动画风格”，选择不同的“图案”，都会使 3D 图片产生不同的效果。

（3）打开软件以后会出现“每日一贴”的提示，可根据提示熟练掌握 Xara 3Dv7 软件的使用方法。

3.4.3 教学案例

扫码看视频

3.4.3.1 案例效果

本案例制作一个有特色的三维动画文字 LOGO，如图 3-62 所示。

图 3-62 案例效果

3.4.3.2 案例操作流程

本案例操作流程如图 3-63 所示。通过主题设计完成主题内容、布局、色调、动画的初步设计；通过素材准备（只涉及文字素材的准备）完成文字的插入和编辑；通过特效制作完成背景和文字的特效添加和编辑；通过动画制作完成关键帧的添加，并在关键帧编辑文字，完成文字位置变换的简单动画。

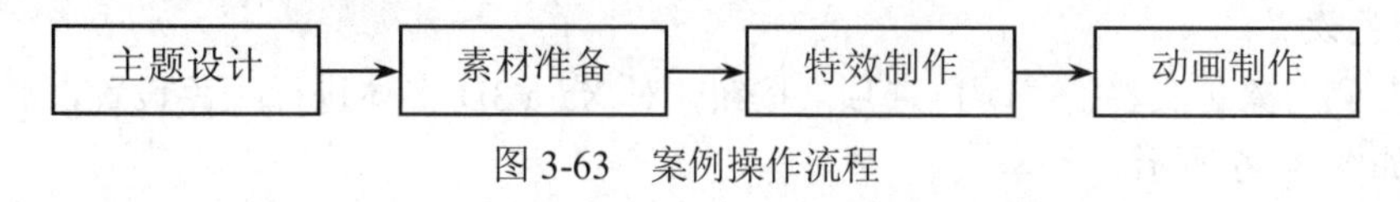

图 3-63 案例操作流程

3.4.3.3 案例操作步骤

1. 主题设计

从整体上确定颜色基调为黑色，突出主题，文字用对比色黄色，主题的文字内容为工作室的名称。

初步规划文字动画脚本，分为两段：Xara 文字从左上角向中央的位置移动，在中央横纵向放大，垂直移动到底部并纵向压缩，最后上升移动到最终位置，3D 文字在 Xara 文字触底的时候上升，移动到最终的位置，根据需要确定动画尺寸，单击 *Aa* 按钮，在弹出的“文本选项”对话框中的“字体大小”下拉列表框中选择合适的字号，如图 3-64 所示。

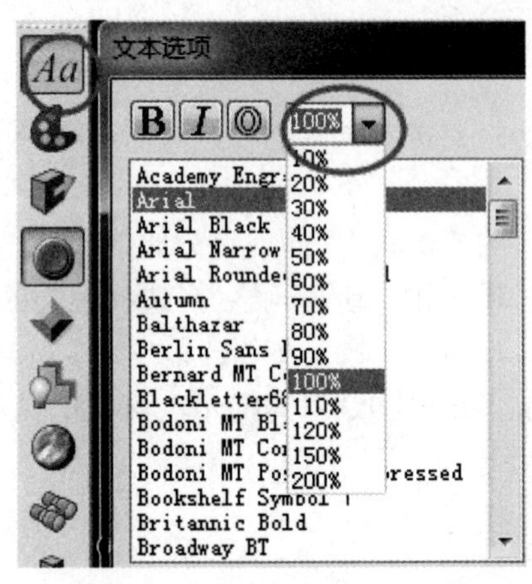

图 3-64 “文本选项”对话框

2. 素材准备

单击左侧对象工具栏的“文本选项”按钮，插入文字 Xara 3D，如图 3-71 所示。选中 Xara，设置字体为华文琥珀、字号为 36 磅；选中 3D，设置字体为华文隶书、字号为 36 磅，单击“确定”按钮完成文字输入，如图 3-65 所示。

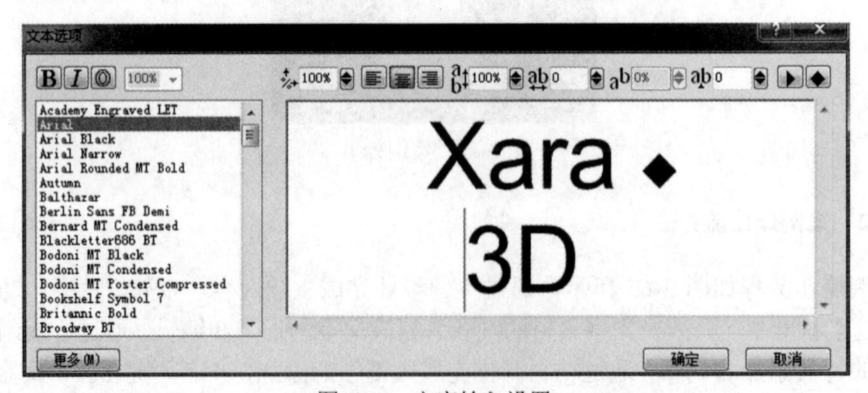

图 3-65 文字输入设置

3. 颜色设置

单击左侧对象工具栏的“颜色选项”按钮，对 Xara 3D 字体进行颜色设置，也可以进行纹理设置，如图 3-66 所示。

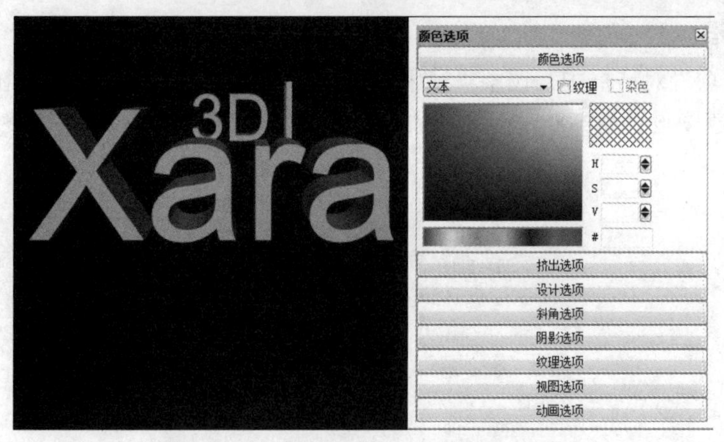

图 3-66　“颜色选项”对话框及对应效果

4. 设计选项

单击左侧对象工具栏的“设计选项”按钮，弹出如图 3-67 所示对话框，单击“设计拾取器”按钮，弹出“设计拾取器”对话框，如图 3-68 所示。根据需要选择合适类型，单击“打开”按钮则可应用于文字以达到最佳的效果。

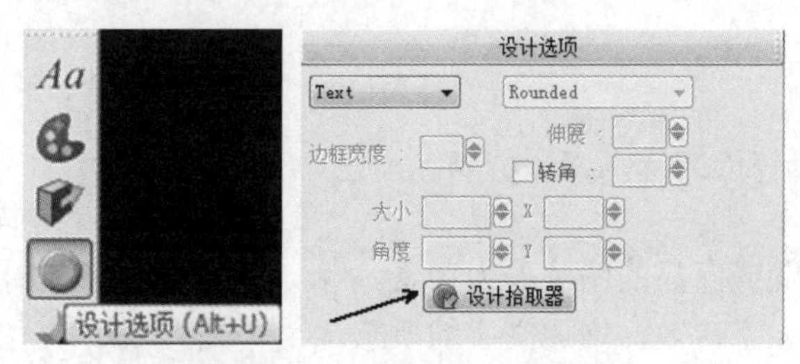

图 3-67　“设计选项”对话框

图 3-68　“设计拾取器”对话框

5. 动画制作

在“动画选项”对话框中，调整“帧/秒”为 25，“样式”选择“滚动进/出”，滚进速度设置为 160，滚出速度设置为 500，“暂停”设置为 150cs，如图 3-69 所示，最终制作出精美的立体字。

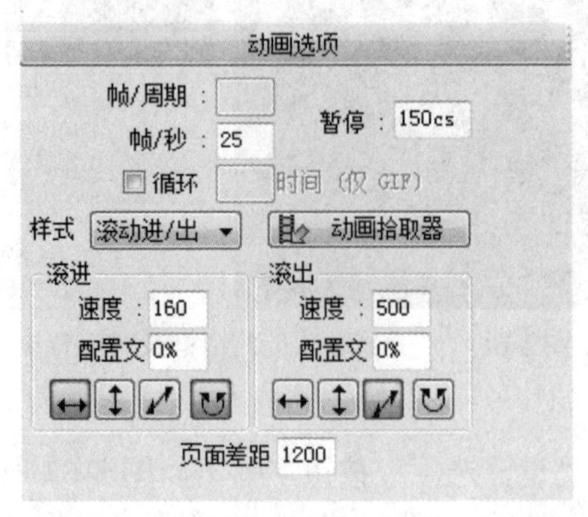

图 3-69 “动画选项”对话框中的设置

3.4.4 拓展练习

1. 练习名称

制作企业或商品宣传语的三维文字动画。

2. 练习要求

（1）加载体现企业或商品的图片作为背景。

（2）添加一定的文字特效，增加文字的质感。

（3）进行动画效果设计，产生动画效果。

第 4 章　音频编辑软件 Adobe Audition CC 2017

4.1　Adobe Audition CC 2017 简介

4.1.1　教学目标

通过本节的学习，读者能够熟悉 Adobe Audition CC 2017 的工作界面，了解其主要功能，并能够在使用时熟练掌握，为后续学习打下基础。

4.1.2　教学内容

扫码看视频

4.1.2.1　基本知识

1. Adobe Audition CC 2017 的主要功能

Adobe Audition 是一个专业音频编辑和混合环境，原名为 Cool Edit Pro，被 Adobe 公司收购后，改名为 Adobe Audition。不少人把 Adobe Audition 形容为音频“绘画”程序。可以用声音来“绘”制音调、歌曲的一部分、声音、弦乐、颤音、噪音或调整静音。它还提供多种特效为作品增色：放大、降低噪音、压缩、扩展、回声、失真、延迟等。它也可以同时处理多个文件，轻松地在几个文件中进行剪切、粘贴、合并、重叠的声音操作。它可以生成的声音有噪音、低音、静音、电话信号音等。该软件还包含 CD 播放器。它的其他功能包括支持可选的插件、崩溃恢复、支持多文件、自动静音检测和删除、自动节拍查找、录制等。另外，它还可以在 aif、au、mp3、raw、pcm、sam、voc、vox、wav 等文件格式之间进行转换，并且能够保存为 Real Audio 格式。

2. Adobe Audition CC 2017 的启动和退出

开机进入 Windows 操作系统后，单击任务栏中的“开始”按钮，在弹出的“开始”下拉菜单中，选择“所有程序”/Adobe Audition CC 2017/Adobe Audition CC 2017 菜单命令即可启动 Adobe Audition CC 2017。如果用户熟悉 Windows 操作系统，还有更多启动 Adobe Audition CC 2017 的方法，例如可以在桌面上设置其快捷启动方式。

如果要退出 Adobe Audition CC 2017，可以选择“文件”/“退出”菜单命令，或按 Ctrl+Q 组合键，或者直接单击 Adobe Audition CC 2017 应用程序窗口右上角的“关闭”按钮，这时 Adobe Audition CC 2017 会停止运行并退出。在退出之前，如果有已修改但未存盘的文件，系统会提示保存它。

3. Adobe Audition CC 2017 的窗口组成

Adobe Audition 应用程序窗口由标题栏、菜单栏、工具栏、显示范围区、波形显示区、声音播放工具、水平缩放工具、音量电平表和状态栏等组成，如图 4-1 所示。

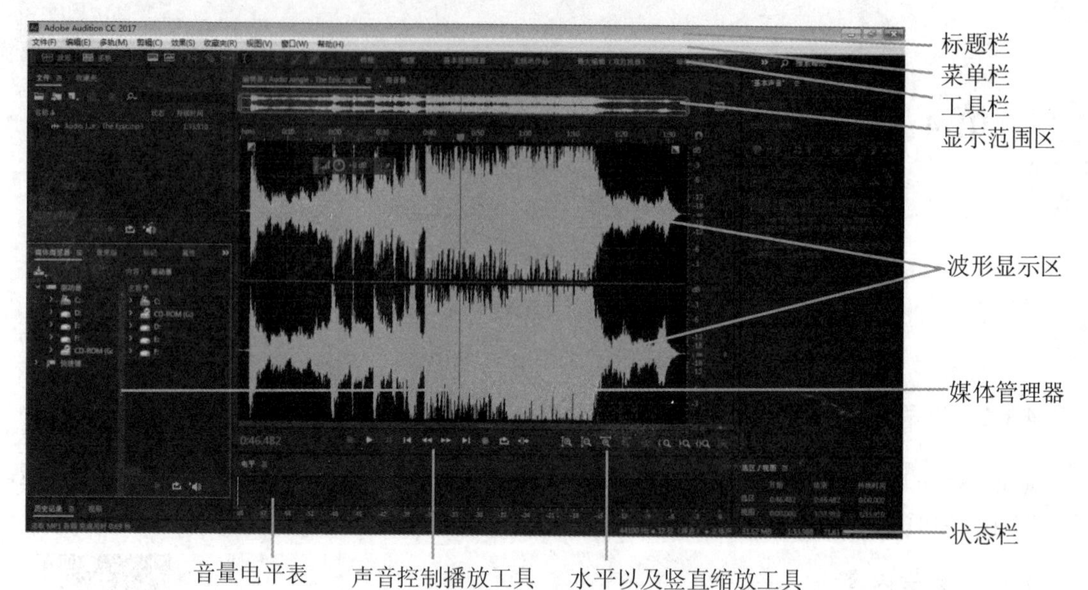

图 4-1　Adobe Audition CC 2017 应用程序窗口

4.1.2.2　方法技巧

菜单栏是此软件的核心，利用“文件”“编辑”和“效果”菜单能进行音频的编辑，达到需要的效果。

4.2　Adobe Audition CC 2017 的编辑

4.2.1　教学目标

通过本节案例的学习，读者能够熟练掌握音频的录制，学会如何对音频进行编辑，以及对音频特效的加入和处理，从而全面掌握音频处理软件的实际应用。

4.2.2　教学内容

4.2.2.1　基本知识

1. 音频的录制

录制音频之前首先要准备好麦克风，可以把麦克风插在声卡的 MIC 插孔里，最好使用一个话筒放大器，接入声卡的 LINE IN，用于放大声音信号。然后单击“控制面板”中的“硬件与声音”中的“声音”图标，打开“声音”对话框，在“录制”选项卡中选择相应的录音设备，例如此处选用“麦克风”录制设备，如图 4-2 所示。双击“麦克风”打开“麦克风属性”对话框，在“级别”选项卡下，调整相应数值的大小，一般设置的大小为总值的三分之一左右，如图 4-3 所示。

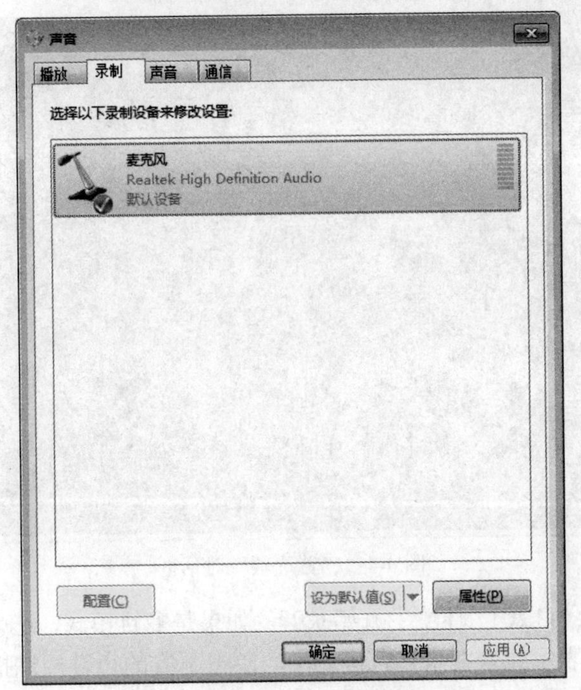

图 4-2 “声音”对话框

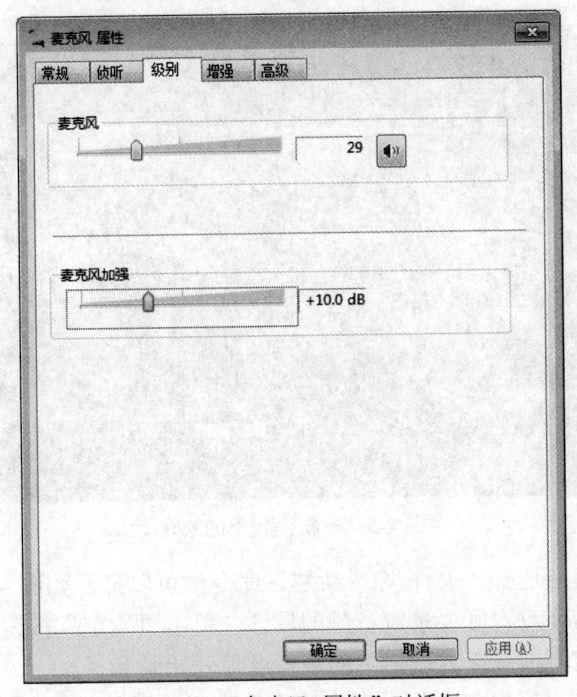

图 4-3 “麦克风 属性”对话框

同样还有另一种设置录音设备的方法，就是回到 Adobe Audition CC 2017 环境中设置音频。选择“编辑”下拉菜单，打开“首选项”对话框，单击“音频硬件”选项卡中的“设置”按钮可以对相对应的音频设备进行设置，如图 4-4 所示。

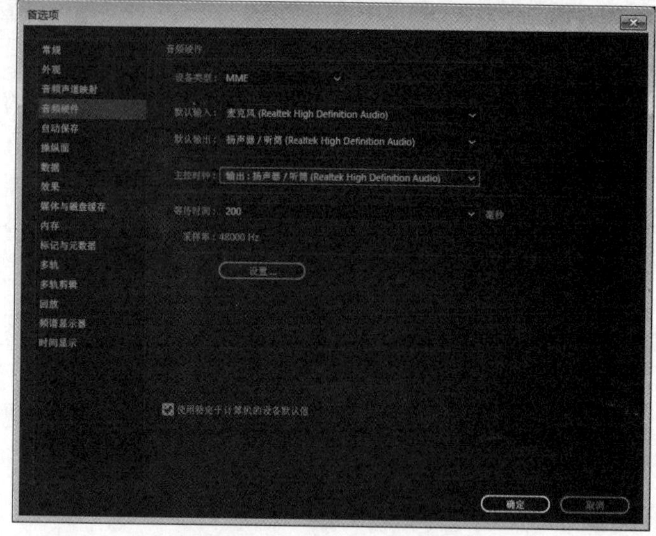

图 4-4　“首选项”对话框

在 Adobe Audition CC 2017 环境中开始录音。如果是多轨模式，选中要录音的那一轨，点亮 R、S、M 中的 R，表示此轨在录音范围之中。单击下方的声音控制播放工具按钮中的录音键（红色）就可以开始录音了，如图 4-5 所示。

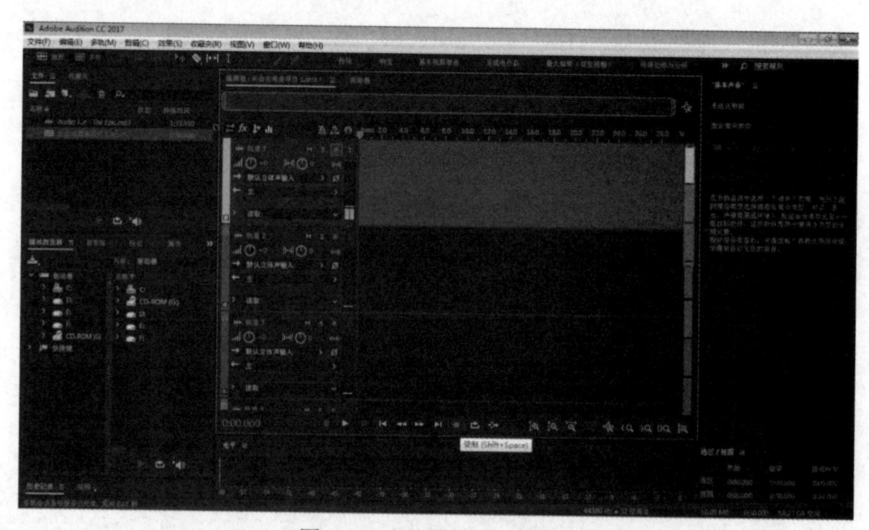

图 4-5　多轨模式下的录音

在单轨模式下，直接选择“文件”/“新建”命令就可以打开如图 4-6 所示的“新建音频文件“对话框，根据需要设置好要录制音频的属性，单击“确定”按钮，打开新建文件窗口，然后单击下方的声音控制播放工具按钮中的录音键就开始录音了。

需要提示的是：在录音之前最好录制一段空白的噪音，这是为了以后进行降噪处理时用于采样。可先在第三轨处点亮 R，单击录音键，不要出声，先录下一段空白的噪音文件，不需要很长，录制完后双击进入单轨模式，选择“效果”/“降噪/修复（N）”/“捕捉噪声样本（B）”命令。然后回到多轨模式下删除此轨。另外，也可以在单轨下截取音轨空白的部分获取噪音进行降噪。

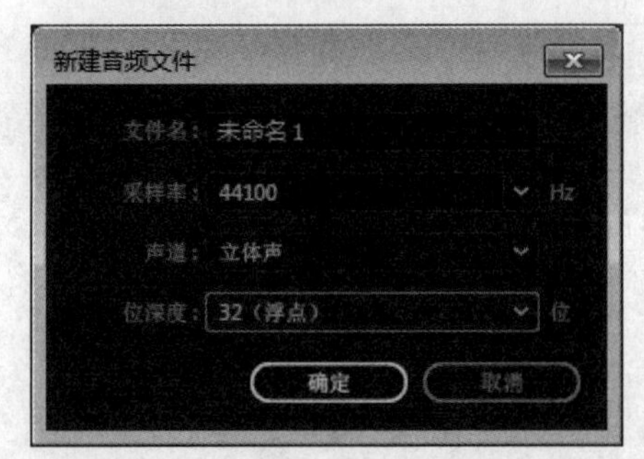

图 4-6 设置音频文件的属性

2. 音频的编辑

在单轨编辑模式下，可以可视化地编辑某一段声音，完成诸如复制、剪切、粘贴、混合粘贴、变换采样类型等操作。

（1）对波形文件混音。

打开某一音频文件，选取其中一段，选择“编辑”/“复制”命令，然后选中要被混音的波形位置，选择“编辑”/“混合式粘贴”命令，打开如图 4-7 所示的“混合式粘贴”对话框，此时要混音的文件来自剪贴板，有 4 种混音的方式可以选择，其中“插入”是将当前文件被选中的部分插到当前位置，不影响插入点后方的波形；“重叠（混合）”是将剪贴板中的波形内容混合到当前波形文件中；“覆盖”是将插入点后方等长度的波形替换为选中的部分。还可以选择左右声道的音量。如果要混音的波形来自其他文件，则选择“来自文件”单选按钮，单击“浏览”按钮将所需其他文件导入。“调制”是将粘贴的文件调制成一种“电声”效果（作用于人声时，类似声码器）。

图 4-7 “混合式粘贴”对话框

（2）设置音频参数。

如果在编辑过程中要改变某个音频文件的采样频率、量化精度、声道数，可以选择“编辑”/“变换采样类型”命令，打开如图 4-8 所示的“变换采样类型”对话框，根据需要选择所需的参数即可。

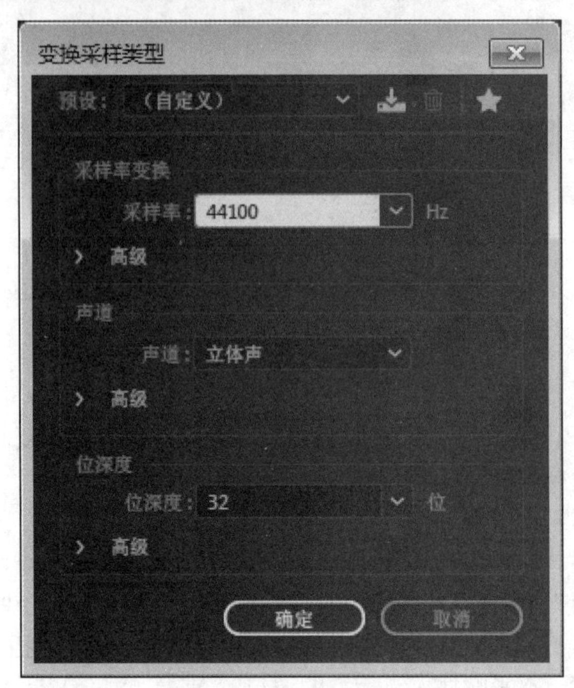

图 4-8　设置音频参数

（3）在多轨模式下混音。

如果要给朗诵的声音配上音乐或者让几种不同乐器的声音同步播放，可以单击左上角的按钮切换到多轨编辑模式，选择其中一个音轨，选择“插入”/“文件”命令，如图 4-9 所示，即为该音轨插入一段声音，用同样的方法可以在其他音轨中插入声音。单个音轨的音量偏大或偏小可以通过每个轨道左边调节音量的快捷方式调节，也可以直接输入相应的数值。

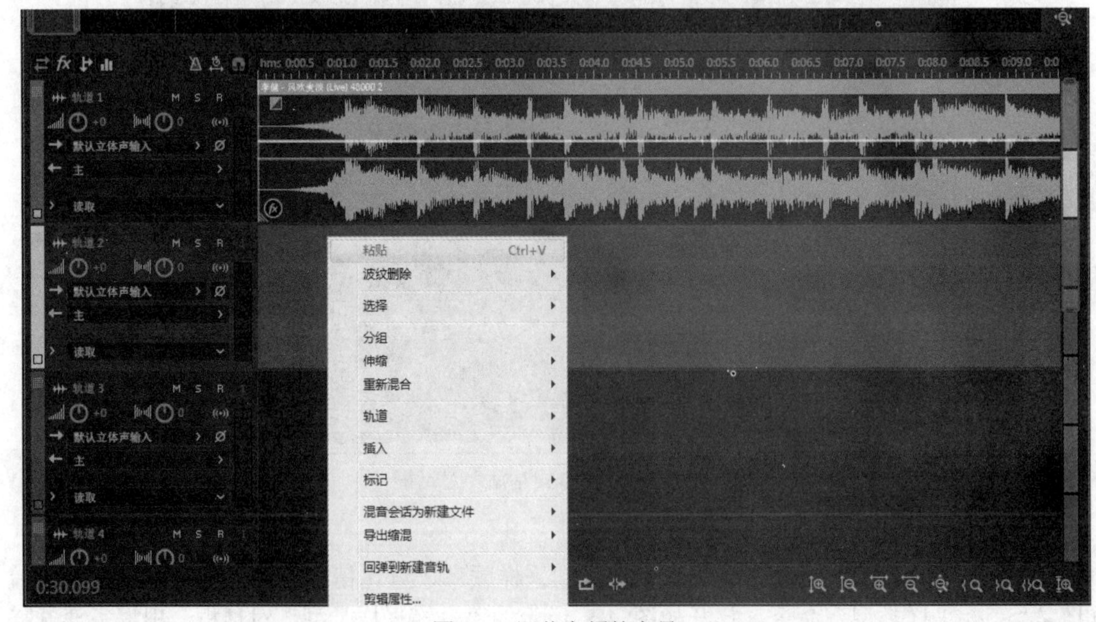

图 4-9　调节音频的音量

3. 音频特殊效果的编辑

（1）淡入与淡出。

如果最初音量很小甚至无声，最后音量相对较大，就形成了一种淡入、较强的效果；反之，如果最初音量较大，最终音量很小甚至无声，就形成了一种淡出、较弱的效果。

实现音频淡入或淡出效果的方法是：先选择区域，然后从“效果”下拉菜单中选择“振幅与压限”/“淡化包络处理”命令，此时会出现“效果-淡化包络”对话框，可以在“预设”下拉列表框中选择相应的淡入与淡出效果，如图4-10所示。

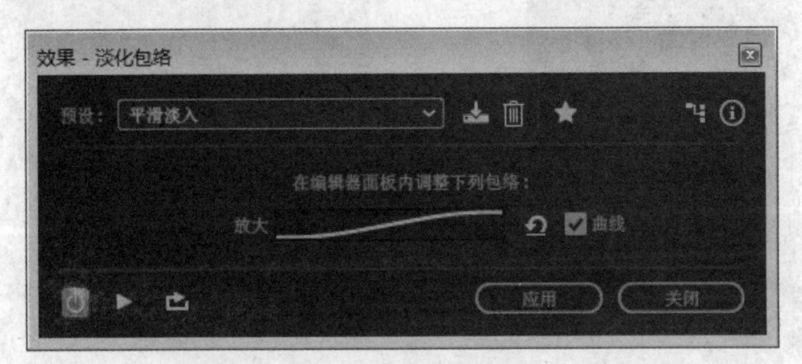

图4-10　“效果-淡化包络”对话框

在“预设”下拉列表框中，可以选择相应的淡入与淡出选项，也可以直接在相应的波形曲线上调整曲线走向，根据自己的需要可以在曲线上单击，添加关键帧并将其移动到适当位置，如图4-11所示。

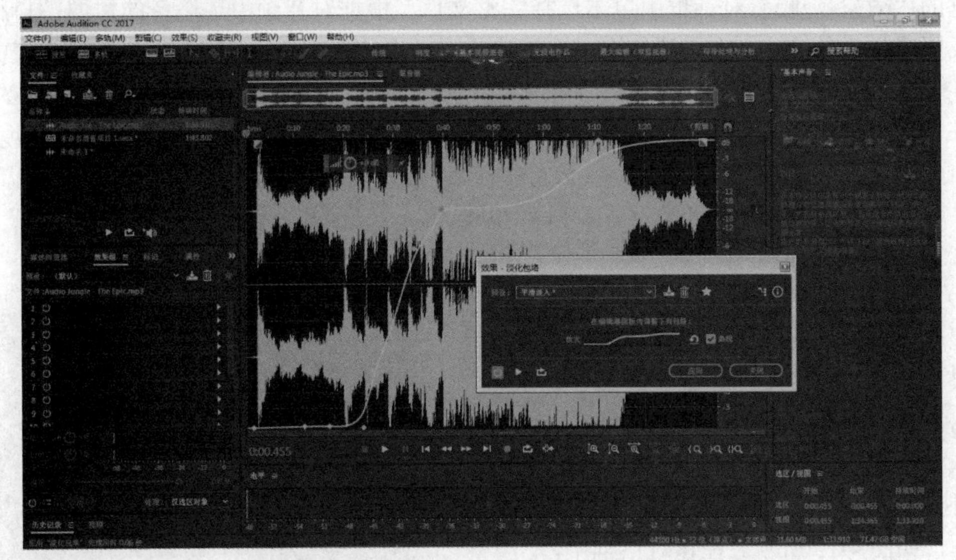

图4-11　“效果-淡化包络”对话框及对应效果

（2）消除环境噪声。

在语音停顿的地方会有一种振幅变化不大的声音，如果这种声音贯穿于录制声音的整个过程，这就是环境噪声。消除环境噪声的方法是在语音停顿的地方选取一段环境噪声，让系统记录这个噪声特性，然后自动消除所有的环境噪声。

在语音停顿处选取一段有代表性的环境噪声，时间长度应不少于0.5s，如图4-12所示。

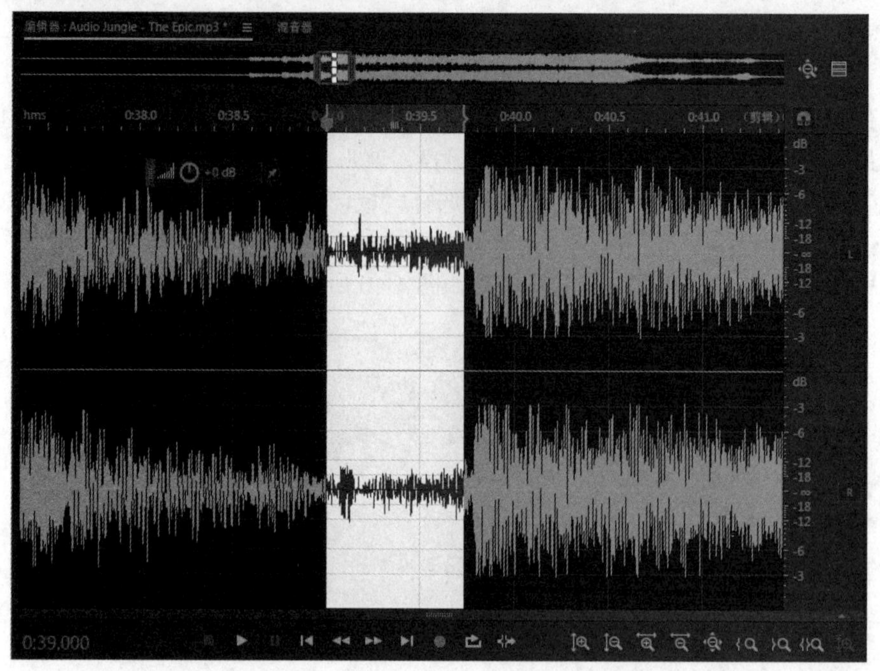

图 4-12　选取一段环境噪声

从“效果”下拉菜单中选择“降噪/恢复”/“捕捉噪声样本”命令，然后再从“效果”下拉菜单中选择“降噪/恢复”/“降噪（处理）”命令，此时会弹出“效果-降噪”对话框。在该对话框的“效果-降噪”对话框中单击选择完整文件，根据对音频中环境音的需要，自行调节降噪及降噪幅度的大小。在一般情况下，不建议将噪声完全清除。在“高级”下拉列表中设置“FFT 大小”为 8192，其他各项暂取默认值。

在“效果-降噪”对话框中单击“应用”按钮关闭对话框，系统就开始自动清除环境噪声。清除结束后再听录制的声音会发现确实安静多了。注意，不要单击“关闭”按钮来关闭“效果-降噪”对话框，否则系统将不会自动清除环境噪音。

（3）延迟与回声效果。

1）延迟效果。在左右声道各自选择延迟时间和混合比例。延迟效果不仅可以模拟各种房间效果，还能模拟空中回声、隧道回声、从后方发出声音、立体声远处的延迟效果。

从“效果”下拉菜单中选择“延迟与回声”/“延迟”命令，此时屏幕上出现“效果-延迟”对话框，如图 4-13 所示。在该对话框中，左声道和右声道两部分都可以通过拖拽滑块调整延迟时间和混合比例，还可以根据需要勾选“反转”复选框。

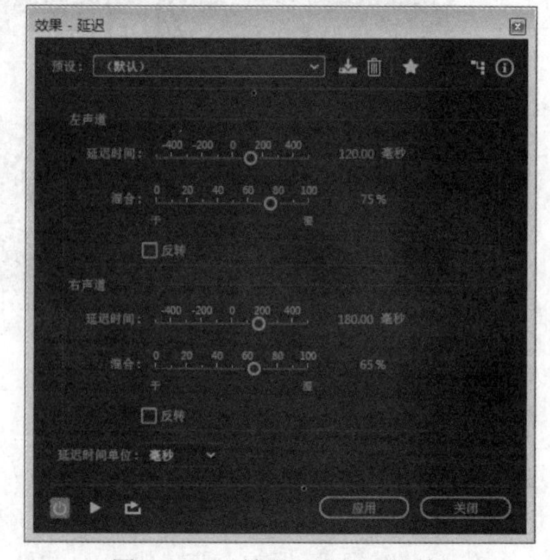

图 4-13　“效果-延迟”对话框

利用延迟效果进行音频处理，简单可行的方法是使用“预设”下拉列表框中的选项。用户可以根据素材的不同，以及要达到的不同目的对各种预设选项进行选择，必要时可以调整参数值。

2）回声效果。发出的声音遇到障碍物会反射回来，使人们听到比发出的声音稍有延迟的回声。一系列重复衰减的回声所产生的效果就是回声效果。在声音的处理上，回声效果是通过按一定时间间隔将同一声音重复延迟并逐渐衰减而实现的。回声效果可以模拟许多扬声效果，如礼堂、小房间、峡谷、排水沟、明亮大厅等的扬声效果，还能模拟老式无线电收音机声、机器人声等回声效果。

为了使声音听起来更丰满，可以为它增加一些回声效果，方法是：从“效果”下拉菜单中选择“延迟与回声”/“回声”命令，打开“效果-回声”对话框，如图 4-14 所示。

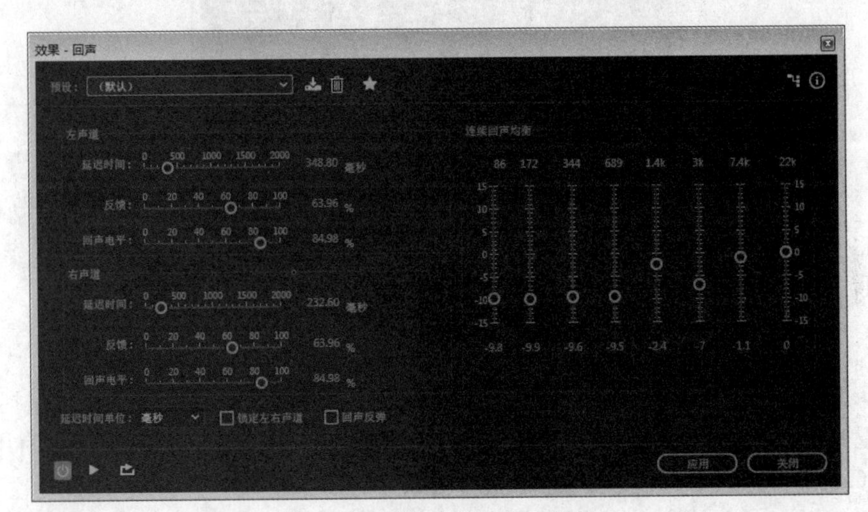

图 4-14　“效果-回声”对话框

在该对话框中，在“预设”下拉列表框中可以选择设备原有的回声效果，也可通过拖拽左声道和右声道中的滑块来调节“延迟时间”“反馈”和“回声电平”的音量。另外，勾选“锁定左右声道”复选框可以锁定左右声道比例，勾选“回声反弹”复选框可使回声在左右声道之间依次来回跳动，效果明显。

在“连续回声均衡”选项组中，有一个 8 段回声均衡器，用于调节回声的音调（对原始声无作用）。调节完毕后，单击“应用”按钮完成回声效果的设置。

（4）空间感效果。

空间感效果又称镶边效果，通过空间感效果的处理，可以找到科幻、火星人、紫色雾、水下、急转等感觉。

从“效果”下拉菜单中选择“调制”/“镶边”命令，此时屏幕上出现“效果-镶边”对话框，如图 4-15 所示。在该对话框中，可以通过拖拽滑块调整“初始延迟时间”“最终延迟时间”“立体声相位”“反馈”以及“调制速率”等。

在“模式”选项组中，有三种模式，即“反转”“特殊效果”和“正弦曲线”。当勾选“反转”复选框，而比例为 50%、延迟时间为 0 时，原声音与空间感效果音会相互抵消。当勾选“特殊效果”复选框，则对话框第一行的原始声道延迟就变成了原始声道扩展的调节滑块。当勾选“正弦曲线”复选框，初始延迟音到最终延迟音的产生会以正弦波的曲线进行。另外，混合比例也可以适当调节。

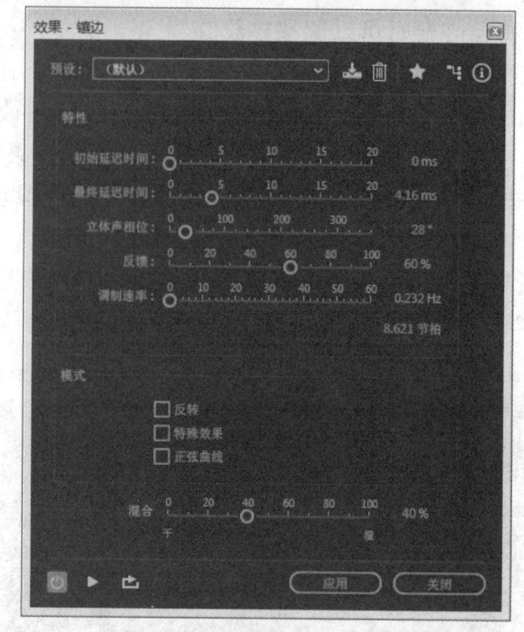

图 4-15 “效果-镶边”对话框

（5）正弦波发生器。

利用 Adobe Audition CC 2017 可以为用户提供一个音频信号发生器工具，它包括正弦波发生器、非正弦波发生器以及噪音发生器等，这对于实验、维修或教学演示都非常有用。Adobe Audition CC 2017 能在一定的范围内满足用户对波形的需求。

选择“效果”/“生成”/“音调”菜单命令，出现“效果-生成音调”对话框，如图 4-16 所示。

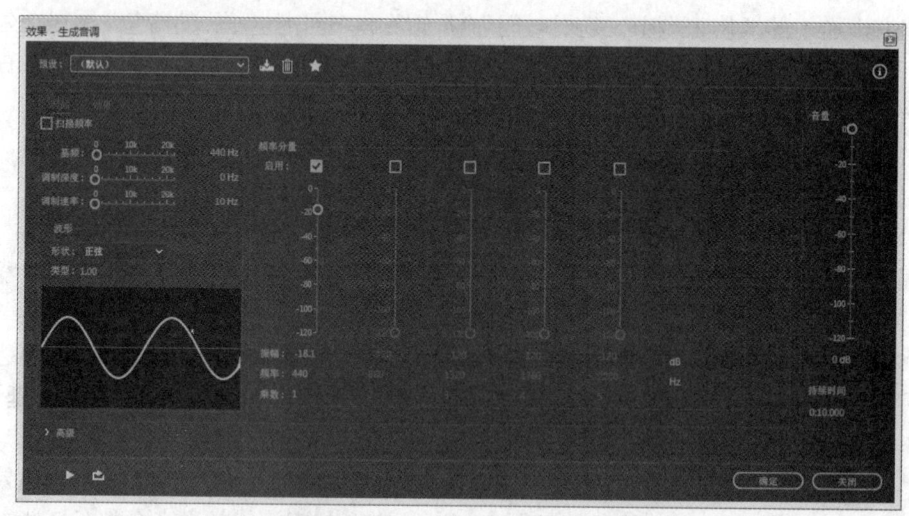

图 4-16 “效果-生成音调”对话框

在该对话框中，首先勾选“扫描频率”复选框，设置开始和结束两部分的音调，然后将“基频”选项设置为 400Hz，“调制深度”和“调制速率”选项都设置为 0，这是纯正弦波的要求。

由于要求得到正弦波，因此在“频率分量”选项组中只把第一个谐波的滑块用鼠标拖到最上位置（0），其余 2、3、4、5 都拉到最底下位置（-120），表示不含其他频率成分。在波形选项组中，将“形状”选项设置为“正弦”。右下角“持续时间”选项设置为 5s。

（6）消除人声。

使用该特效可以将歌曲中的人声消除，制作卡拉 OK 伴奏带的效果。具体制作方法为：从“效果”下拉菜单中选择“立体声声像”/“中置声道提取器”命令，此时屏幕上出现“效果-中置声道提取”对话框，设置“预设”选项为“卡拉 OK（降低人声 20dB）”，打开如图 4-17 所示的对话框。在该对话框中，通过调整“中置频率”的大小来达到消除人声的效果。

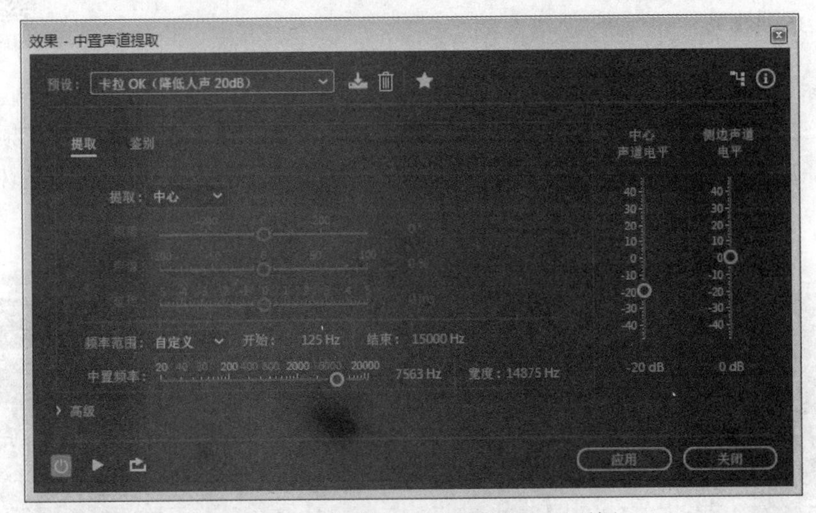

图 4-17　“效果-中置声道提取”对话框

4. 音频文件的保存和应用

音频文件编辑好以后就可以保存了，在 Adobe Audition CC 2017 中提供了“保存”“另存为”“将选取保存为...”“全部保存”“将所有音频保存为批处理...”多个命令，还可以在保存的过程中转换音频格式，有 wav、mp3、wma、3gp、flac、pcm 等多种格式可以选择，如图 4-18 所示。还可以在保存之前，单击“格式设置”右侧对应的“更改”按钮调整该压缩方式的参数，如图 4-19 所示。

图 4-18　“另存为”对话框

图 4-19　调整压缩方式参数

保存好以后就可以在各种多媒体创作工具中导入音频数据了。

4.2.2.2 技巧方法

（1）利用淡入与淡出可实现声音的最佳听觉效果。
（2）利用回声效果可模拟许多扬声效果，使声音听起来丰富多彩。
（3）利用消除人声的方法消除歌曲中的人声，制作卡拉 OK 伴奏的效果。

4.2.3 教学案例

扫码看视频

4.2.3.1 案例效果

在我们录歌的时候，周围的环境或话筒等都会产生一些噪音，因此录完了歌第一步要做的就是降噪，主要是使用“降噪器”来进行降噪处理。降噪处理首先对录制的音频文件进行采样，通过对降噪器的参数设置来进一步美化录制的声音，做到声音不失真，不破坏原声，如图 4-20 所示。

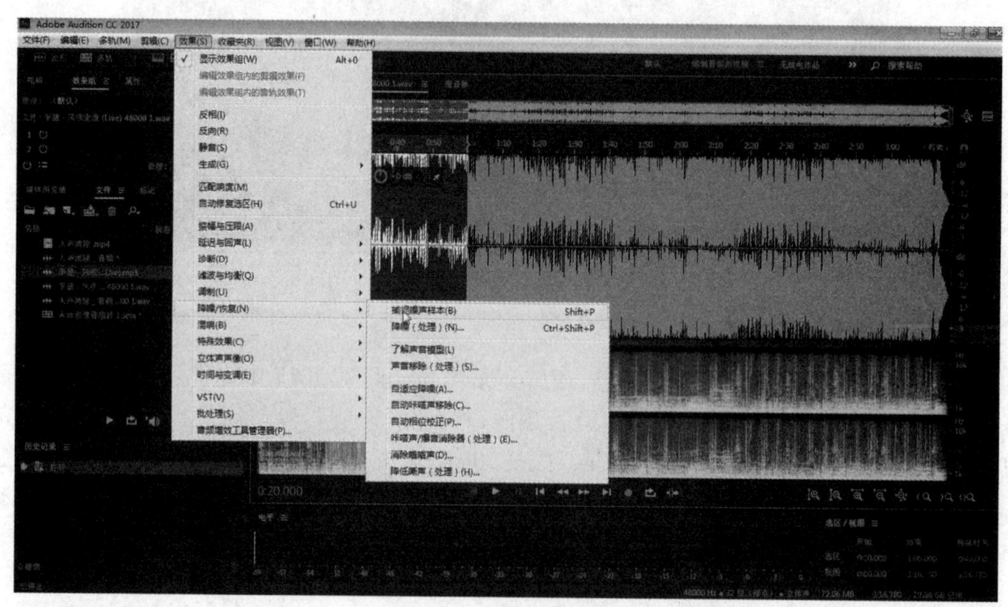

图 4-20 案例效果

4.2.3.2 案例操作流程

本案例操作流程如图 4-21 所示。“插入伴奏音乐”是插入一个事先准备好的伴奏音乐文件，将其放到“轨道 2”中；“录制原音”是利用麦克风录入，将其音频文件放到“轨道 1”中；“噪声采样、降噪”是找出最平稳且最长的一段用作噪声采样波形，经过处理后进行降噪；“消除人声”是利用 Adobe Audition CC 2017 自带的效果进行处理。

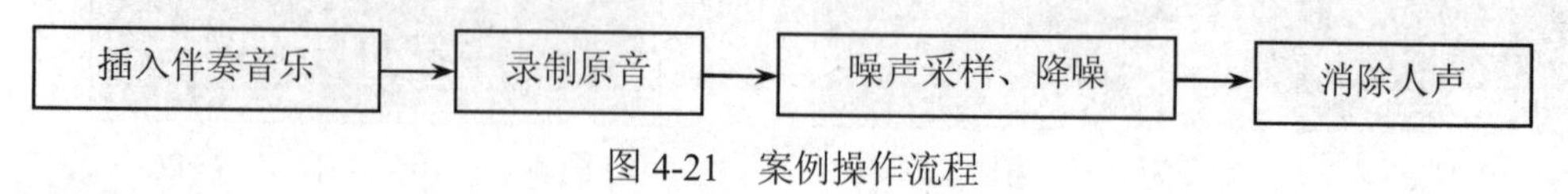

图 4-21 案例操作流程

4.2.3.3　案例操作步骤

1. 降低噪音

（1）启动 Adobe Audition CC 2017，单击左上角“多轨”菜单，保存新建的多轨音频，如图 4-22 所示。

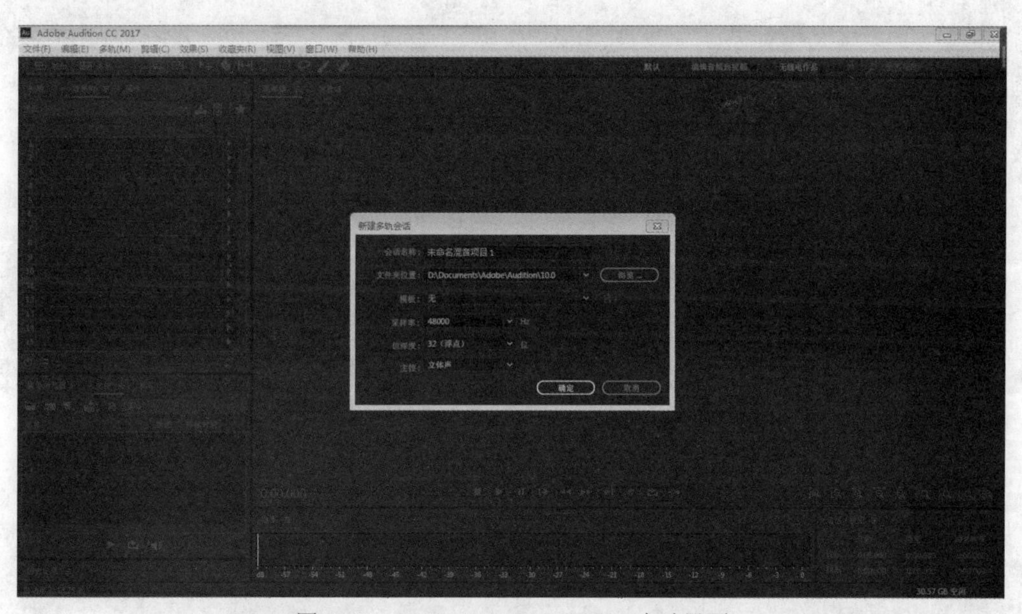

图 4-22　Adobe Audition CC 2017 启动界面

（2）在“轨道 2”处右击，在弹出的快捷菜单中选择“插入”/“文件”命令，如图 4-23 所示，从硬盘上选择所需的伴奏音乐，一段伴奏音乐被插入到“轨道 2”中，如图 4-24 所示。

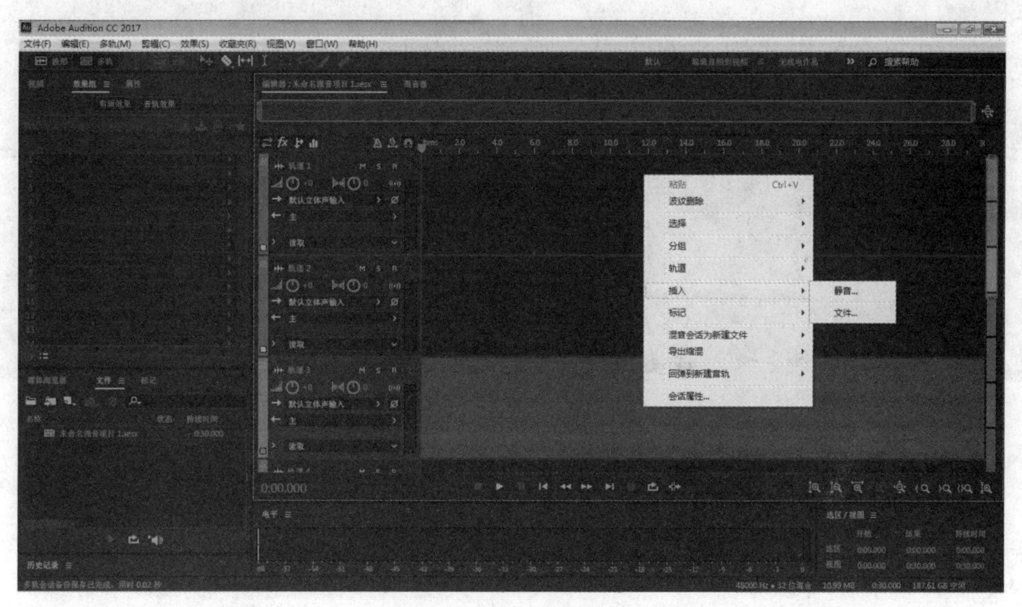

图 4-23　插入音频文件

图 4-24　插入伴奏音乐

（3）单击选中这段音乐，向左拖动直到不能拖动为止，如图 4-25 所示。

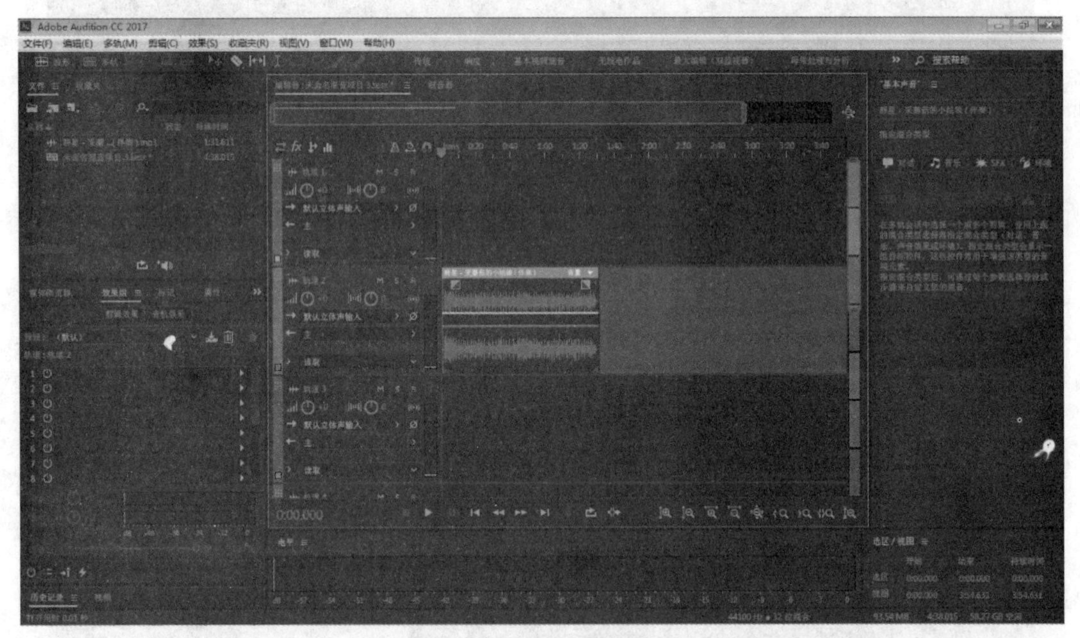

图 4-25　拖动音乐文件

（4）在“轨道 1”处单击 R 按钮，在声音控制播放工具区中单击录音按钮，如图 4-26 所示，然后对着话筒录制自己的声音。录制后的声音音轨如图 4-27 所示。

（5）双击“轨道 1”切换到原音音轨（或选择图 4-27 左上角的多轨/单轨切换按钮），选择“文件”/“另存为”菜单命令，然后选择文件目录及文件名，保存类型选择无损压缩的 wav 文件，如图 4-28 所示。

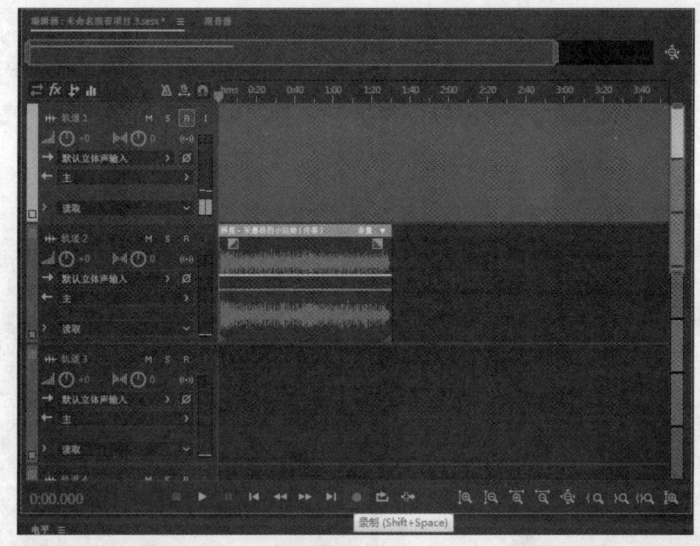

图 4-26 录制原音

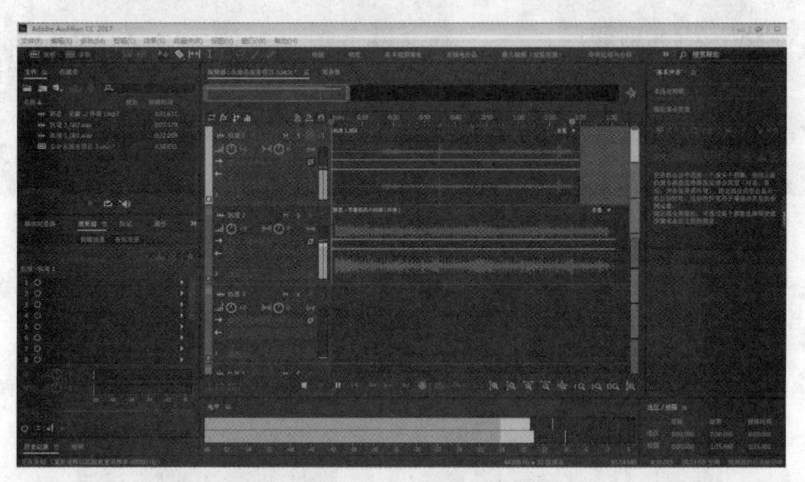

图 4-27 录制后的声音音轨

图 4-28 保存原音音轨

（6）在原音进入单轨模式下，单击下方的波形放大按钮（带“+”号的两个分别为水平放大和垂直放大按钮）放大波形，将噪音区内波形最平稳且最长的一段选中用作噪声采样波形（一般为没有9音乐信号的间隔处）。按住鼠标左键拖动，直至高亮区完全覆盖所选的那一段波形，如图4-29所示。

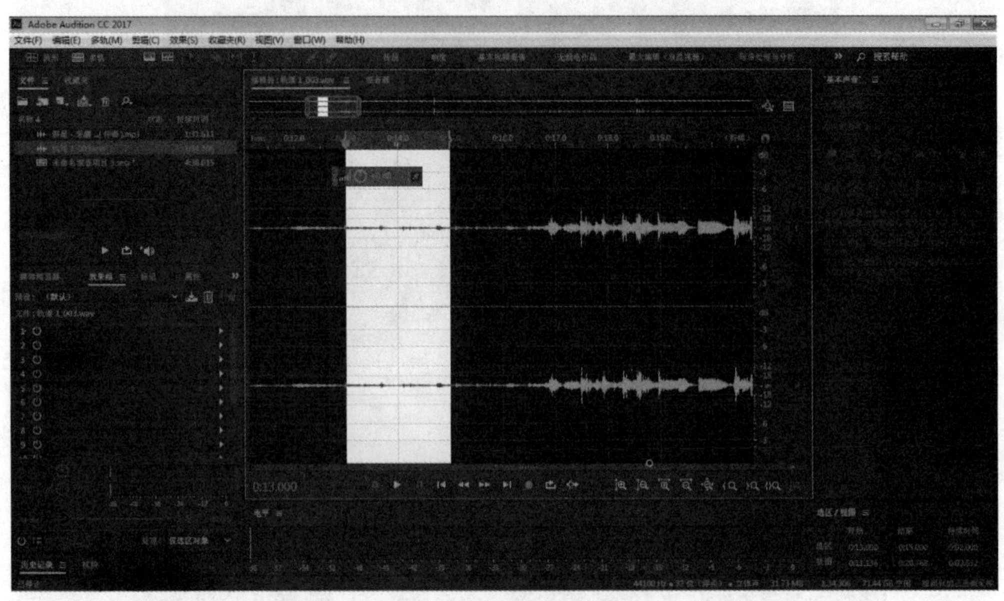

图4-29　选择噪声采样波形

（7）右击高亮区，在弹出的快捷菜单中选择“复制到新建”命令，如图4-30所示，将此段波形抽离出来，将其作为噪声采样对象的空白波形，如图4-31所示。

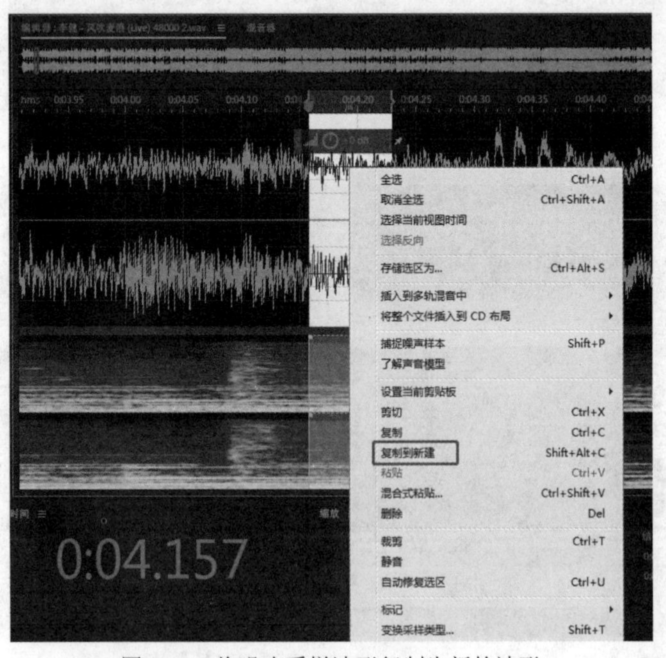

图4-30　将噪声采样波形复制为新的波形

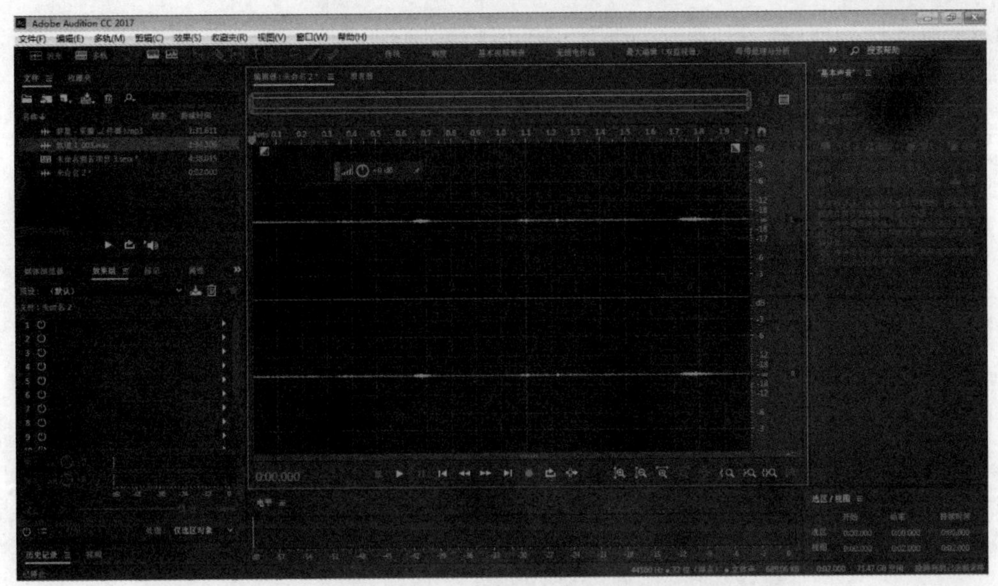

图 4-31　噪声采样对象的空白波形

（8）选择“效果”/“降噪/恢复”/“降噪（处理）”菜单命令，如图 4-32 所示。

图 4-32　选择降噪器命令

（9）在弹出的“效果-降噪”对话框中，首先选择噪音级别，一般不要高于 80，级别过高会使人声失真，也可以将降噪器中的参数保持默认数值，随便更改也有可能会导致降噪后的人声产生较大失真，如图 4-33 所示。

（10）单击“捕捉噪声样本”按钮，如图 4-34 所示。单击下面的“预览播放/停止”按钮，这样就可以听到降噪后的声音了。

（11）单击“保存当前噪声样本”按钮（“捕捉噪声样本”按钮旁边的向下箭头按钮），弹出“保存 Audition 噪声样本文件”对话框，对该噪声样本进行保存。

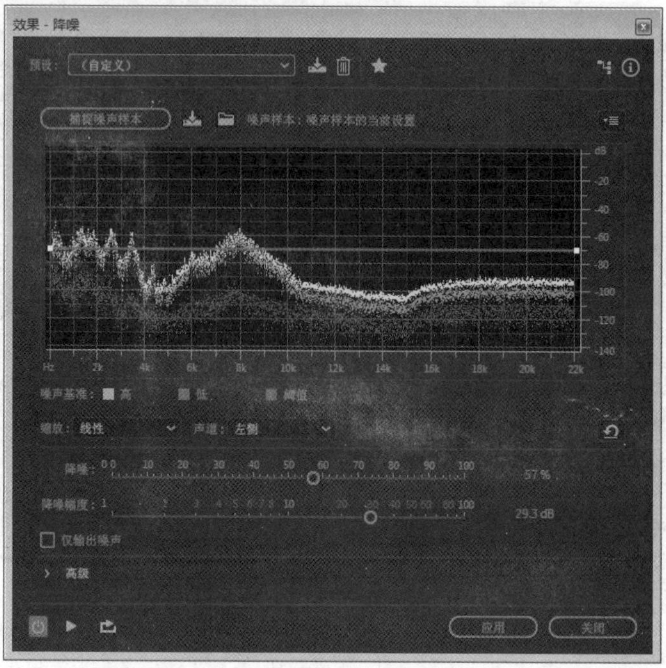

图 4-33 “效果-降噪”对话框

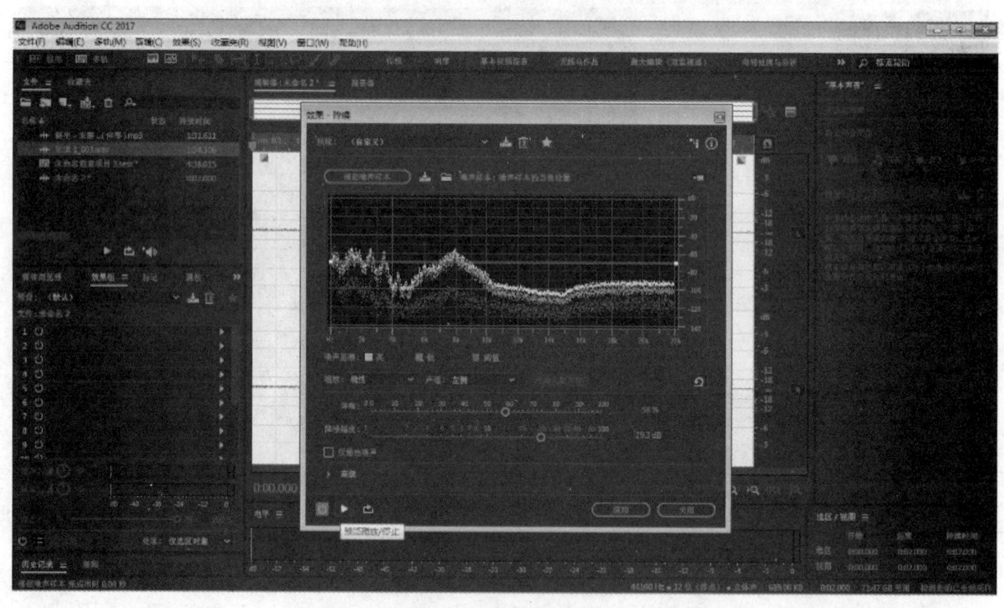

图 4-34 噪音采样

（12）关闭降噪器及这段波形（不需保存）。

（13）回到处于波形编辑界面的原音文件，打开降噪器，加载之前保存的噪声样本，然后进行降噪处理。单击“确定”按钮前，可先试听一下降噪后的效果，如失真太大，说明降噪采样不合适，需重新采样或调整参数。

对于歌曲头尾处没有人声的地方可能产生的噪音，可以单击选中该段波形后，选择“效果”/“静音”命令，如图 4-35 所示。

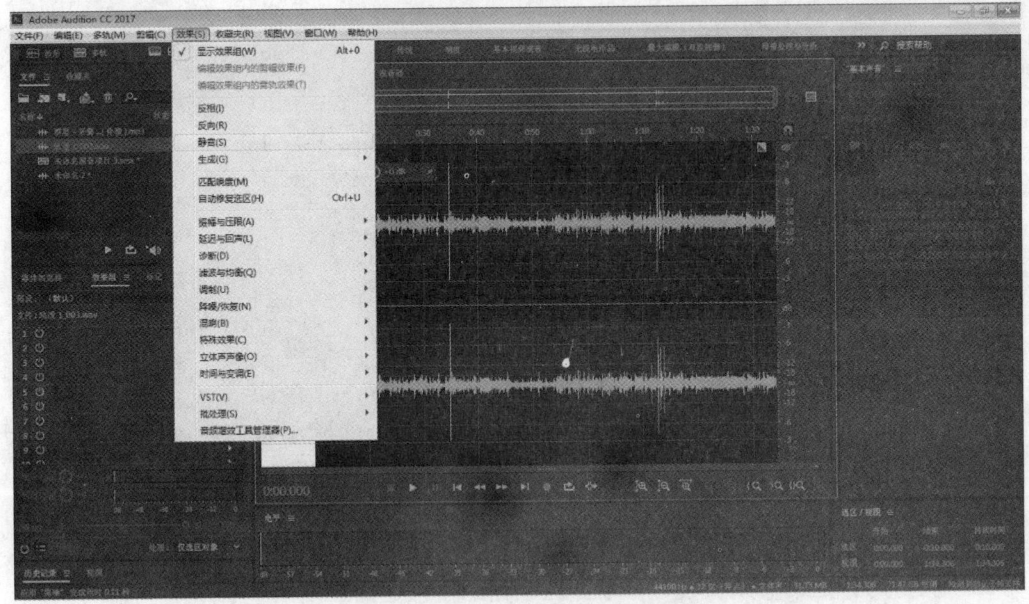

图 4-35　去除歌曲头尾处的噪音

2. 消除人声

（1）启动 Adobe Audition CC 2017，选择“文件”/“打开”菜单命令，打开需要进行原唱人声消除的歌曲文件。这时在屏幕窗口上方显示出所选择歌曲的波形文件，选中整个波形文件，然后选择“效果”/“立体声声像”/“中置声道提取器”菜单命令，如图 4-36 所示。

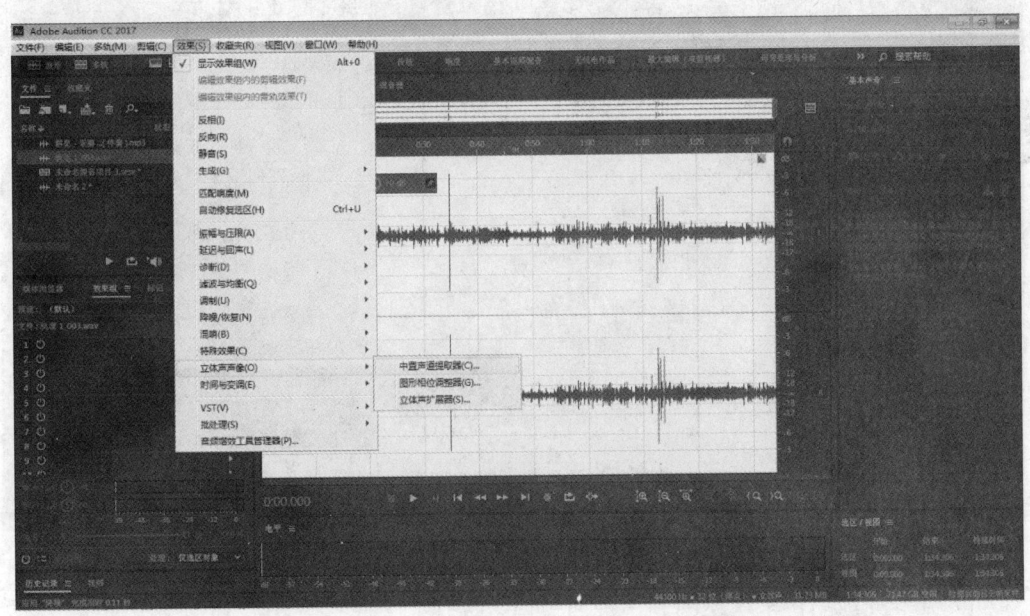

图 4-36　选择“效果”/“立体声声像”/“中置声道提取器”菜单命令

（2）打开“效果-中置声道提取”对话框。在“预设”下拉列表框中选择“卡拉 OK（降低人声 20dB）”选项，这时在下方的“中置频率”选项就出现了系统预设的该选项的具体量化参数，如图 4-37 所示。

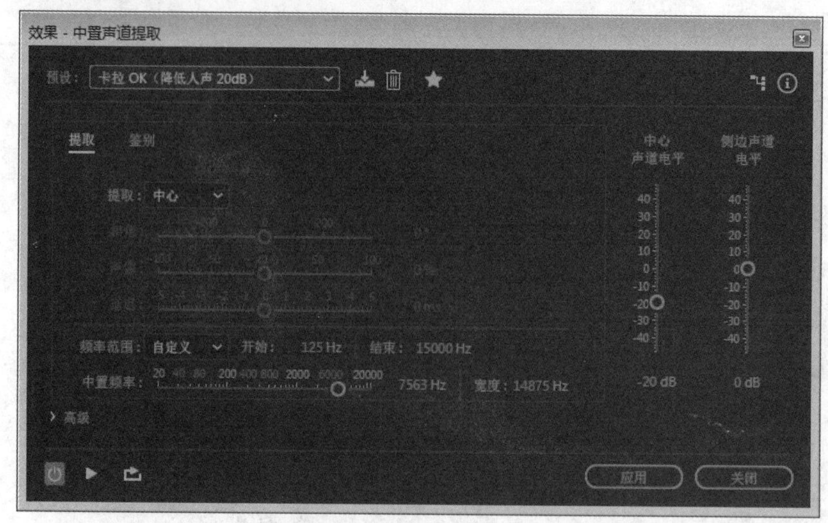

图 4-37 “效果-中置声道提取”对话框中的量化参数

（3）保持对话框中的默认设置，单击左下角的“预览播放/停止”按钮，可以对所选择的歌曲进行试听，可以实时听到经过原唱人声消除处理后的声音，如果对处理效果不满意的话，还可以按照需要调整“中置频率”选项的具体参数值，直到满意为止，单击“应用”按钮，立即对所选择的歌曲进行正式的人声消除效果处理，如图 4-38 所示。

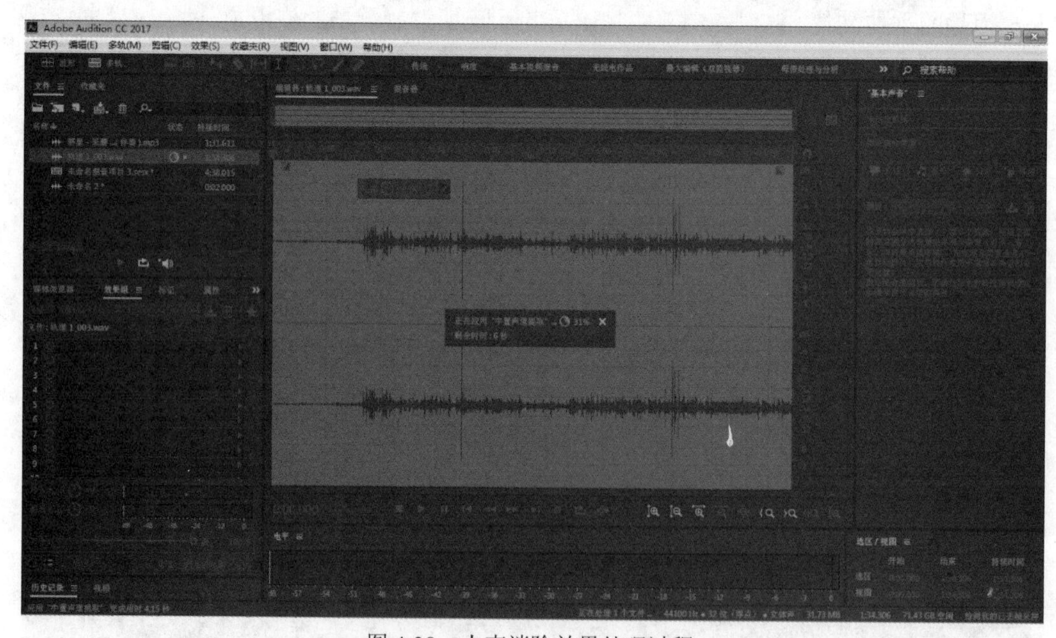

图 4-38 人声消除效果处理过程

（4）处理完成后，系统返回到主界面窗口，选择“文件”/“另存为”菜单命令，将处理后的歌曲文件保存到计算机中。

注意：使用此方法也会因为源文件所采用的制作方法不同，而得到不同的处理效果。一般情况下，这种处理方法对于结构比较简单的且对原始声音高保真的歌曲文件（如 CD 音乐文件）可以达到非常好的处理效果。

4.2.4 拓展练习

1. 练习名称

制作个人音乐。

2. 练习要求

（1）录制自己的声音。

（2）将带有原声的音乐消除人声。

（3）对原声进行美化、降噪。

第 5 章　视频编辑软件

5.1　会声会影的编辑

5.1.1　教学目标

会声会影采用了分步骤的方式，通过捕获、编辑、共享三个步骤，完成了视频从采集、编辑到创建输出的过程。项目保存提供了对素材路径和编辑过程的全部记录，便于用户的修改和再创作。会声会影提供了丰富的素材库，包括集成“视频”和“图像”的媒体素材，集成“色彩”“边框”和“Flash 动画”的图形素材，音频素材，转场效果，标题效果和滤镜效果，用户可以通过“添加”方式向素材库中添加制作中需要使用的素材。它提供了多种选项设置命令，便于用户对素材进行自定义编辑；也提供了多轨道编辑环境，用户可以在视频轨上编辑视频、图像及图形素材，在复叠轨上制作视频图像的特殊效果，在声音轨上录制画外音，在标题轨、音频轨上进行标题字和音频的编辑。它是一款即学即用、操作简便的视频编辑制作软件。

通过本节的学习，读者能够使用会声会影 Corel VideoStudio Pro X10 软件，熟悉添加并编辑视频、图像素材，添加转场效果，添加复叠效果，制作标题，添加并编辑音频文件的视频编辑过程，并最终创建视频文件。

5.1.2　教学内容

扫码看视频

5.1.2.1　基本知识

1. 初识工作界面

单击“开始”按钮，选择“程序”/Corel VideoStudio Pro X10/ “Corel VideoStudio Pro X10”启动会声会影。工作界面如图 5-1 所示。

图 5-1　会声会影 X10 的工作界面

菜单栏集成了文件、编辑、工具和设置的操作命令。步骤面板的三个步骤按钮体现了会声会影的分步骤工作流程。工具栏提供了项目视图、捕获、成批转换、混音器、即时项目模板等快速设置的切换。

预览窗口可以显示当前的素材、视频滤镜、转场效果、标题，编辑素材的形状、位置，以及标题的内容。预览面板包括项目/素材切换、回放、精确修整素材、音量调整等按钮。

项目时间轴面板是编辑步骤的重要部分，可以切换故事板或时间轴视图，包括所有的素材、视频滤镜、转场效果和标题。

素材标签提供了媒体、转场、标题、图形、滤镜、音频素材的分类。素材库存储和组织所有素材。选项面板可以对所选素材进行自定义设置。

2. 捕获

“捕获”选项卡中的命令选项卡中的命令可以从摄像机或其他视频源捕获视频或图像文件。连接外部设备并安装相应的驱动程序后，单击“捕获”标签，选项面板出现捕获命令，如图 5-2 所示。

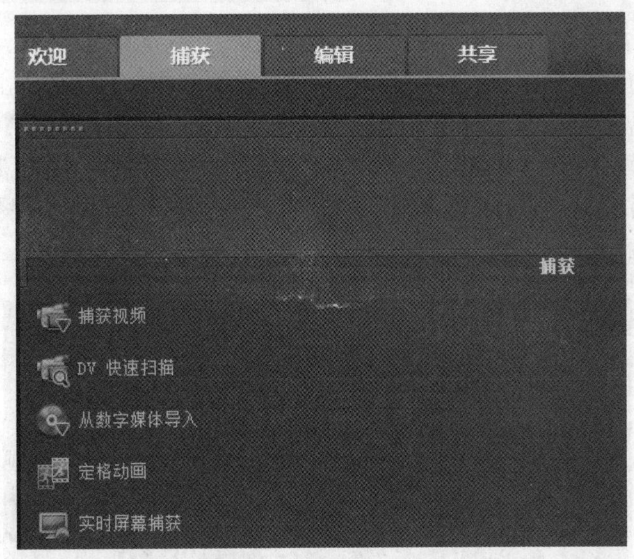

图 5-2 “捕获”选项卡

单击“捕获视频”按钮，在“选项”面板上设置时间区间、格式、存储捕获文件的文件夹。按场景分割，单击“捕获视频”或“抓拍快照”按钮可以从外部设备捕获视频或图像。

单击“DV 快速扫描”按钮，打开“DV 快速扫描”窗口，可以在“扫描场景”选项中选择扫描的速度，选择从磁带的“开始”位置或“当前位置”扫描，单击“开始扫描”按钮，可以捕获 DV 上的视频素材。

单击“从数字媒体导入”按钮，打开选取“导入源文件夹”窗口，选择文件位置，从光盘导入视频素材。

3. 编辑——添加素材

（1）将素材添到素材库中。

可以通过“文件”菜单向时间轴中添加视频、数字媒体、图片和音频素材。以添加视频素材为例，选择“文件”/“将媒体文件插入到时间轴”/“插入视频”命令，如图 5-3 所示。

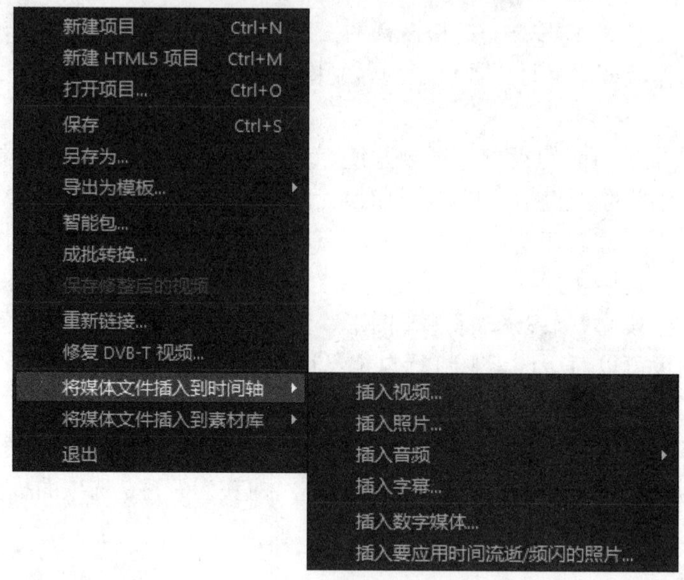

图 5-3 “文件”菜单

在打开的“浏览视频”对话框的“查找范围”处选择视频文件夹，单击选中一个或按 Shift 键选择多个文件，单击“打开”按钮将视频文件插入到素材库中。

也可以在素材库中单击“添加”按钮，如图 5-4 所示。打开“浏览视频”对话框或其他素材对话框，选中文件后单击“打开”按钮，将在“媒体”标签库中添加视频、数字媒体、照片和项目视频，在“音频”标签库中添加音频素材。

图 5-4 素材库中“添加”按钮的使用

（2）将素材添加到时间轴上。

选中素材库中的文件，单击选中一个文件或按 Shift 键选择多个文件，通过鼠标拖拽或右击打开快捷菜单，选择“插入到”轨道命令，添加到时间轴上。也可以选择“文件”/“将媒体文件插入到时间轴”命令，直接通过“打开文件”的方式将素材直接插入到时间轴。

4. 编辑——分割修整音视频素材

（1）分割音视频素材。

在时间轴视图上选中要分割的视频或音频素材，拖动预览面板的“飞梭栏”到分割的位置，并通过“上一帧”按钮和“下一帧”按钮进行微调，或在“时间码”（时:分:秒:帧）处输入确切的时间，准确定位后，单击剪刀形状的“分割”按钮，将一段视频或音频素材分割为两段，如图 5-5 所示。

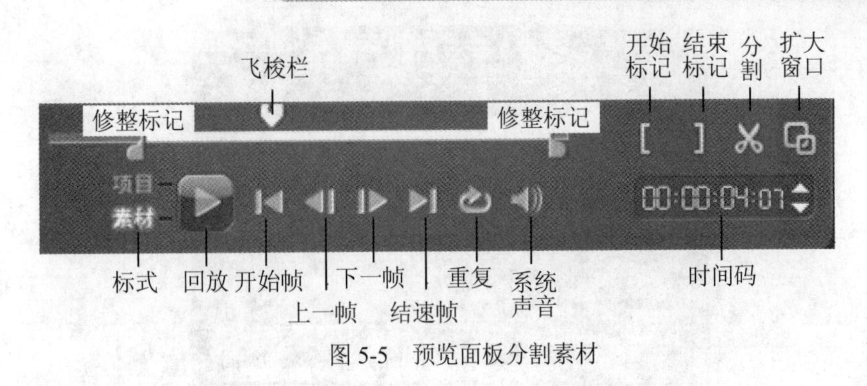

图 5-5　预览面板分割素材

（2）修整音视频素材。

在时间轴视图中选中要修整的视频或音频素材，在预览面板上选择“素材”模式，分别拖拽两侧“修整标记”选择区域，或拖拽“飞梭栏”到新的开始位置单击“开始标记”按钮，到新的结束位置单击“结束标记”按钮，可以从一个视频或音频文件中选择并提取一个片断。

也可以在时间轴视图中选中要修整的视频或音频素材，将鼠标指针移动到素材左右两侧加粗边框处，光标呈双向箭头，直接在时间轴上拖动以修整素材长度。

还可以在视频素材的选项面板的“视频”选项卡中或音频素材的选项面板的“音乐与声音”选项卡中单击“区间”的时间码，输入修整后视频或音频素材的长度，如图 5-6 所示。

图 5-6　选项面板的“视频”选项卡

（3）修整和分割视频素材的其他方式。

1）单素材修整。在“素材库”中双击要修整的视频，打开“单素材修整”对话框，如图 5-7 所示。

拖拽“飞梭栏”或“飞梭轮”初步定位新的开始位置，借助“精确剪辑时间轴”的缩略图进行精确定位后，单击“开始标记”按钮，然后以同样的方法定位新的结束位置并单击“结束标记”按钮，可以从一个视频文件中选择并提取一个片断。

“时间轴缩放”默认是间隔 15 帧搜索画面，可以通过“放大”按钮调整到间隔 1 帧，在“精确剪辑时间轴”上显示每帧画面，便于精确选取视频片断。

图 5-7　视频的“单素材修整”对话框

2）多重修整。在时间轴视图中选中要修整的视频，在选项面板的“视频”选项卡中单击“多重修整”，打开“多重修整视频”对话框，拖拽“飞梭栏”到第一个片断的开始位置后单击“开始标记”按钮，再次拖拽到“飞梭栏”到第一个片断的结束位置后单击“结束标记”按钮，重复拖拽“飞梭栏”定标记的操作，可以从一个视频文件中选择并提取多个片断，如图 5-8 所示。

图 5-8　“多重修整视频”对话框

3）按场景分割。在时间轴视图中选中要修整的视频，在选项面板的“视频”选项卡中，单击“按场景分割”按钮可以检测视频文件中的不同场景，根据拍摄的时间日期或视频内容的变化进行自动分割。

5．编辑——修饰视频图像素材

在故事板或时间轴视图中选中要修饰的视频或图像素材，在选项面板的“视频”或“照片”选项卡中，可以对视频图像素材进行部分效果修饰。

（1）共有修饰——旋转 90 度、色彩校正。

单击“逆时针旋转 90 度”或“顺时针旋转 90 度”按钮可以对视频或图像素材进行 90 度旋转调整。

单击“色彩校正”按钮，在打开的选项设置中，可以对视频或图像素材进行色彩调整，如图 5-9 所示。

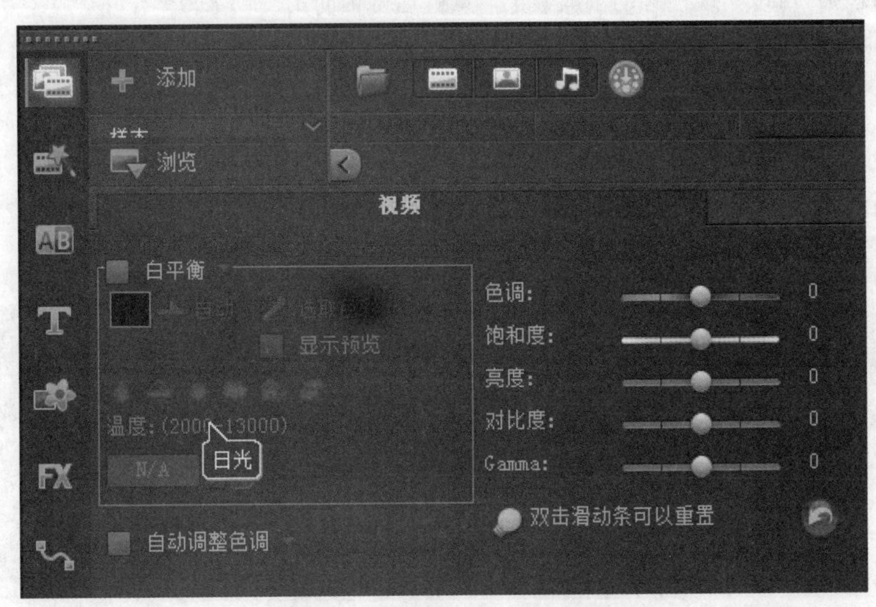

图 5-9 “色彩校正”选项设置

勾选“白平衡”复选框后，单击下三角按钮，在打开的下拉列表中，可选择色彩范围为“鲜艳色彩”或“一般色彩”，可选定强度级别为“较弱”“正常”和“较强”。通过单击选择“白点”，可以消除由冲突的光源和不正确的相机设置导致的错误色偏，从而恢复图像的自然色温。确定“白点”的方法包括：“自动”表示自动计算白点，“选取色彩”表示手动到预览窗口中选取白点，特定光预设提供“钨光”“荧光”“日光”“云彩”“阴影”“阴暗”选项，通过调整光源温度（开氏）设置白点。

勾选“自动调整色调”复选框，单击下三角按钮，在打开的下拉列表中，可以将素材的色调设置为最亮、较亮、一般、较暗或最暗。通过拖拽“色调”“饱和度”“亮度”“对比度”和 Gamma 对应滑块来调整素材的明暗与色彩。

（2）视频素材特有修饰。

回放速度：在打开的“回放速度”对话框中，可以将视频的速度加快或变慢并能延长时间，如图 5-10 所示。

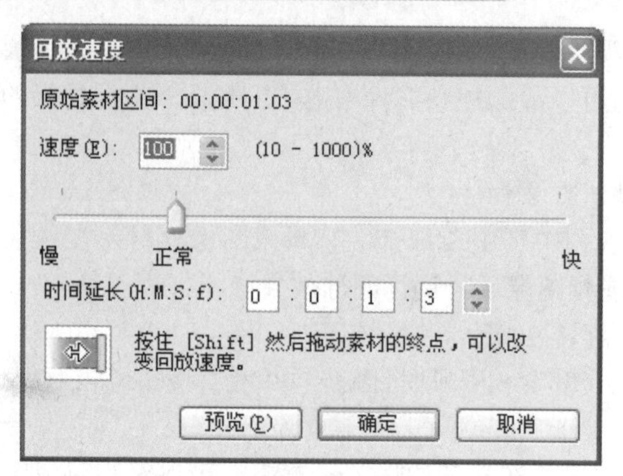

图 5-10 “回放速度”对话框

反转视频：可以实现视频的倒放效果，从最后一帧向第一帧播放。

音量调整：可以实现声音的淡入、淡出和静音效果，单击喇叭右侧的文本框输入数值，或单击微调按钮，或打开“音量调整”在弹出的对话框中拖拽滑块来调整音量的大小。

（3）图像素材特有修饰。

在“重新采样选项”下拉列表框中可以选择“保持宽高比”或“调整到项目大小”选项，也可以选择“摇动和缩放”选项产生模拟相机的摇动和缩放带来的图像呈现效果，此效果不能用于遮罩图像，如图 5-11 所示。

图 5-11 图像素材选项面板的“照片”选项卡

选中“摇动和缩放”选项后，可以通过下拉列表框来选择不同的效果略图，也可以单击“自定义”按钮，打开“摇动和缩放”对话框，如图 5-12 所示。图像位置改变可以单击“停靠”选项组的 9 个位置按钮，或拖拽“原图”窗口中的十字准星进行设置。“缩放率”可以通过拖拽滑块、输入数值或拖拽“原图”窗口中虚线框的四个顶点进行调整，将原图放大 10 倍。“透明度”可以通过拖拽滑块、输入数值进行调整，0%是完全透明，100%是完全不透明。

在故事板或时间轴视图中选中要修饰的视频或图像素材，在选项面板的“属性”选项卡中，可以对视频图像素材进行部分效果修饰。

（4）共有的属性修饰——添加滤镜、变形。

勾选“变形素材”复选框后，“预览窗口”中出现 8 个控制点，可以通过拖拽调整素材的形状。其中四边的白色控制点在横纵方向拉伸压缩图像，四角的白色控制点按宽高比例缩放图像，四角的灰色控制点控制形变，如图 5-13 所示。

图 5-12　图像素材的“摇动和缩放”对话框

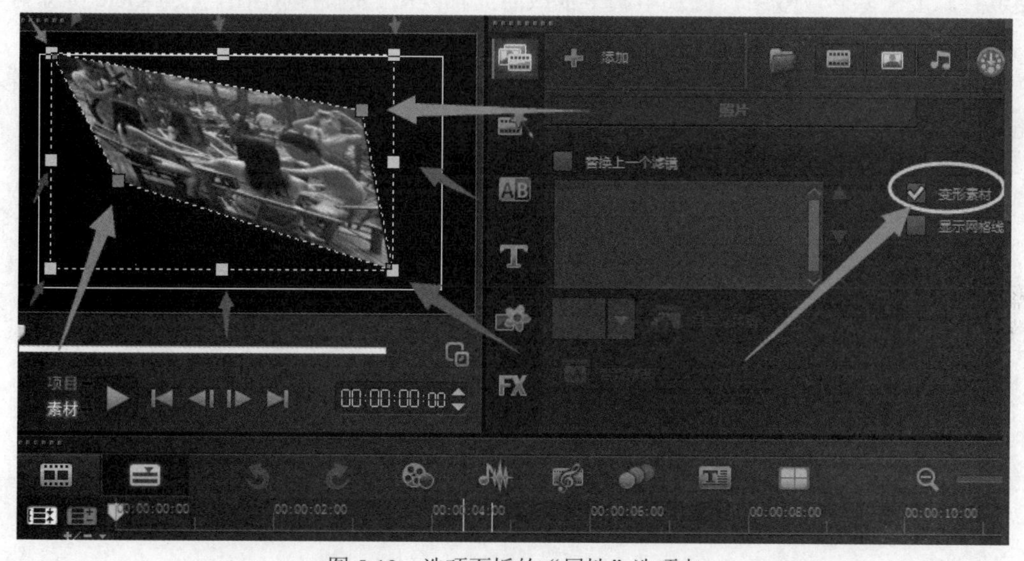

图 5-13　选项面板的“属性”选项卡

滤镜可以改变素材的样式或外观。默认情况下，素材只能应用一个滤镜，即之前添加到素材上的滤镜会被最后添加到素材上的滤镜替换掉。不勾选“替换上一个滤镜”复选框可以对单个素材应用不超过 5 个滤镜。

在 FX 标签下打开滤镜库，单击滤镜略图可以在“预览窗口”中观看效果，拖拽滤镜略图到故事板或时间轴视图中要修饰的视频或图像素材上，完成滤镜效果的添加，同时在“属性”选项卡的滤镜列表中增加一个滤镜图标。

添加滤镜后可以单击下拉列表框中的略图调整滤镜效果，还可以通过单击“自定义滤镜”按钮来设置参数进行滤镜效果的具体调整。当一个素材上应用了 2～5 个滤镜时，可以单击上下箭头改变滤镜的次序，产生不同的效果。

在滤镜列表中选中滤镜图标，单击 X 按钮，可以将选中的滤镜效果删除。

6. 编辑——使用转场效果

素材库中提供了大量的预设转场效果，为视频、图像的场景过渡提供了多种风格的专业化效果。

（1）添加、删除转场效果。

在素材库的文件夹列表中选择一个转场类别，单击选中一个转场效果略图，在预览窗口中可以看到效果。

可以通过鼠标指针拖拽转场效果到故事板或时间轴视图上，放在两个视频素材之间，但一次只能拖放一个效果。

也可以双击素材库中的转场略图，会自动插入在故事板或时间轴视图中项目开始的第一处两个素材之间的空白转场位置中。再次双击素材库中的转场略图，会将转场插入到下一处空白转场位置中。

还可以单击（对视频轨应用随机效果）按钮，自动添加随机转场效果。选中某一转场效果略图，单击（对视频轨应用当前效果）按钮，自动添加单一转场效果。

要替换项目中的转场效果，只需再次拖拽新的转场效果到故事板或时间轴视图上的转场略图位置。要删除转场效果，先选中故事板或时间轴视图上的转场略图，按 Delete 键即可。

（2）转场效果的设置。

选中故事板或时间轴视图上的转场，在选项面板中，可以进行转场时间、边框、色彩、柔化边缘、转场方向等设置，如图 5-14 所示。

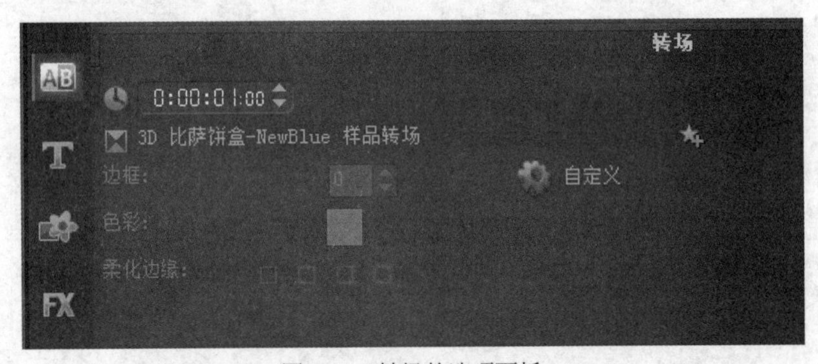

图 5-14　转场的选项面板

7. 编辑——使用覆叠效果

覆叠素材与视频轨上的视频合并起来，可以实现画中画，置换背景，添加图案、边框、Flash 动画前景等效果。

（1）添加、删除覆叠效果。

选中素材库中的视频或图像素材，将其拖拽到时间轴视图的“覆叠轨”上。若要删除覆叠效果，先选中“覆叠轨”上的素材，再按 Delete 键即可。

（2）覆叠效果的设置。

覆叠选项面板中有“编辑”和“属性”两个选项卡。

“编辑”选项卡包括素材区间、音频调整、视频旋转、色彩校正、回放速度、反转视频、抓拍快照等选项，与视频素材的“视频”选项卡中名称相同的使用方法和功能也相同。

“属性”选项卡中包括“滤镜”添加和“自定义滤镜”“对齐选项”“遮罩和色度键”“方向/样式”等选项，如图 5-15 所示。

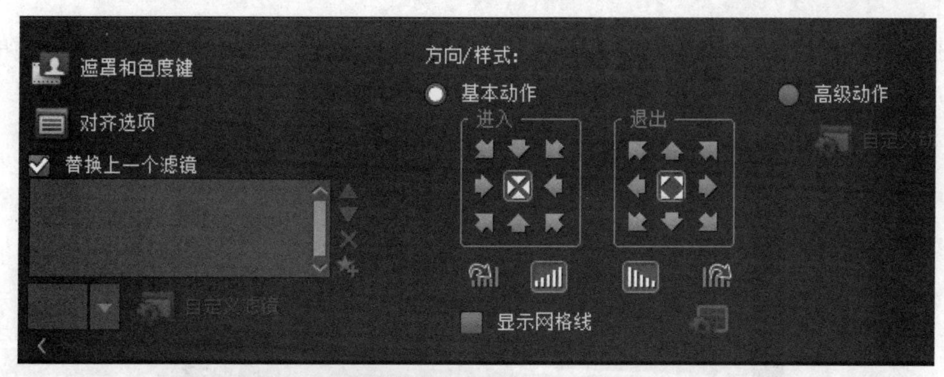

图 5-15 覆叠素材选项面板的“属性”选项卡

单击“对齐选项”按钮，在下拉菜单中可以选择停靠位置在顶部、中央或底部，选择调整素材的大小保持宽高比、屏幕大小、原始大小、默认大小或重置变形。

“方向/样式”选项可以设置覆叠素材动画，在“进入/退出”选项框中单击箭头按钮设置素材进入和退出屏幕的方向，中间的按钮设置为静止。下方的“淡入/淡出”按钮可以在覆叠素材进入或退出屏幕时逐渐增加或降低其透明度。暂停区间的“前/后”旋转按钮可以设置覆叠素材旋转进入或退出的暂停区间。在预览面板上拖拽暂停区间的“修整标记”按钮可以延长或缩短素材在屏幕上停留的时间。

单击“遮罩和色度键”按钮，打开“遮罩和色度键”选项设置，如图 5-16 所示。

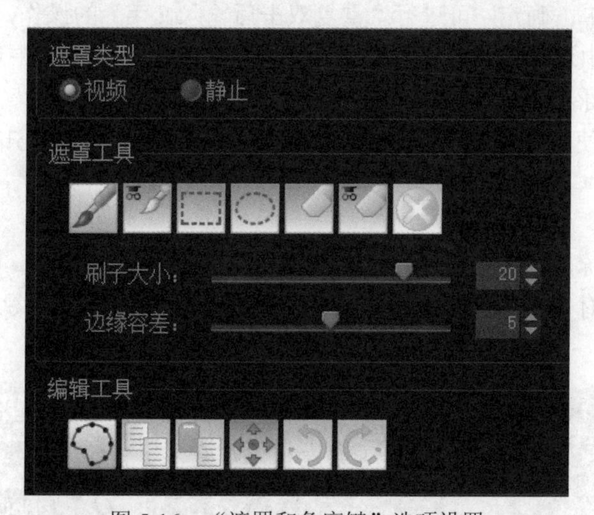

图 5-16 “遮罩和色度键”选项设置

“遮罩和色度键”选项设置可以设置“透明度”和“边框”，勾选“应用覆叠选项”，可以选择“遮罩”或“色度键”样式。遮罩的白色区域覆叠素材完全不透明，灰色部分的素材半透明，黑色部分的素材完全透明，可以实现边缘美化、透明渐变等效果。设置“色度键”样式可以在“相似度”选项中单击色彩框，选择要渲染为透明的颜色，或者选择吸管，在“预览”区域中单击要渲染为透明的颜色，使素材中的某一特定颜色透明，以实现抠图效果。

（3）覆叠素材位置和形状的调整。

在“预览窗口”中将鼠标移动到虚线框内部，光标呈四向箭头拖拽移动，调整覆叠素材的位置。

拖拽 8 个白色的控制点来缩放大小，拖拽 4 个角的灰色控制点可以调整覆叠素材的大小与形状，如图 5-17 所示。

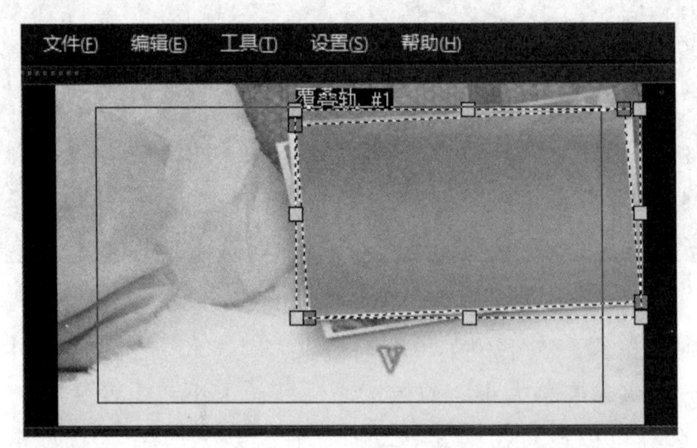

图 5-17　预览窗口中调整覆叠素材的位置和形状

8. 编辑——标题应用

（1）添加标题。

单击“标题”标签，在预览窗口中显示提示字“双击这里可以添加标题”，双击提示字区域，如果在选项面板的“编辑”选项卡中选中“多个标题”，则在出现的虚线框中闪烁光标，输入文字后在空白处单击确定，可进行“重复双击后输入文字”的操作，将多次输入的文字单独存放在多个文本框中进行编辑。如果在选项面板的“编辑”选项卡中选中“单个标题”，则在屏幕的左上显示闪烁光标，输入标题文字。

也可以直接选择使用标题素材库中的预设标题，在预览窗口中双击预设文本，输入新的文本。

（2）标题设置。

选中时间轴视图标题轨上的标题，在选项面板的“编辑”选项卡中，可以设置文字的字体、大小、颜色、字形、对齐方式、垂直文本、行间距、旋转角度等，如图 5-18 所示。

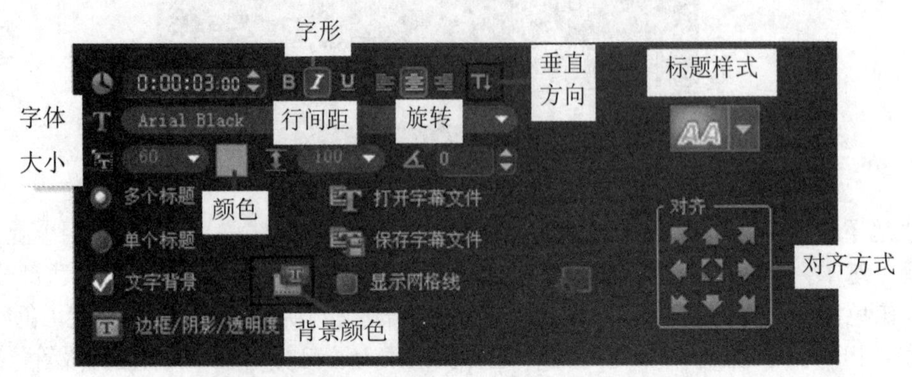

图 5-18　标题选项面板的“编辑”选项卡

勾选“文字背景”复选框，单击“背景颜色”按钮，在打开的对话框中可以设置文字的“背景类型”是单色背景栏或椭圆、圆角矩形、曲边矩形或矩形色彩栏。“色彩设置”选项组中可以选择单色或渐变色，单击色块可以选择颜色，调整“透明度”的值可以设置背景透明度，如图 5-19 所示。

在“标题样式”下列拉表中选择样式略图，可以对文字添加预设的文字效果。

单击“边框/阴影/透明度”按钮，在打开的对话框中可以设置边框和阴影的宽度/强度、颜色、透明度和柔化边缘，并在预览框中看到即时效果，如图 5-20 所示。

图 5-19 “文字背景”对话框

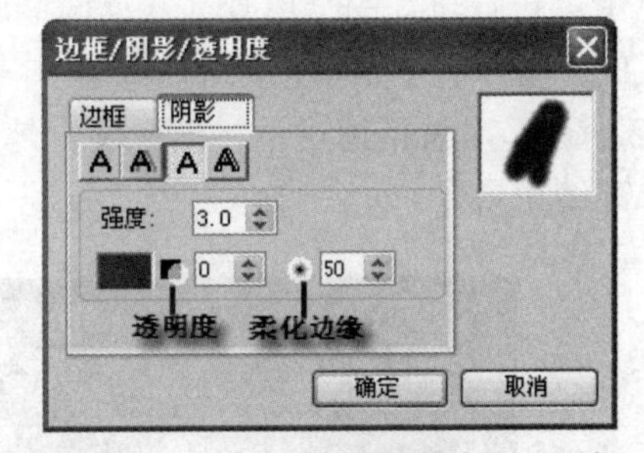

图 5-20 “边框/阴影/透明度”对话框

单击“保存字幕文件”按钮，可以将字幕自动保存为 UTF 文件，在“打开字幕文件”对话框中可以应用已保存的字幕文件，并在标题轨编号下拉菜单中选择标题轨，为字幕选择字体、字体大小、字体颜色、行间距和光晕阴影，还可以设置垂直文字方向。

（3）标题大小方向和位置的调整。

选中时间轴视图标题轨上的标题，在预览窗口中拖拽 8 个控制点可以调整字的大小，拖拽 4 个角的控制点可以旋转改变字的方向，拖拽右侧外部中间的控制点可以调整阴影的大小。

将鼠标移动到虚线框中，光标呈手形，可以移动标题的位置。通过选项面板的“编辑”选项卡中的“对齐”选项可以设置标题在屏幕中的位置。

（4）标题动画制作。

选中时间轴视图标题轨上的标题，在选项面板的“属性”选项卡中，选择“动画”并勾选“应用”复选框后，在下拉列表中选择动画分类，在下方的效果略图中单击文字动画，预览窗口中显示其动画效果，拖动预览面板的“修整标记”按钮改变文字在屏幕上的停留时间。

9. 编辑——音频应用

（1）从音频 CD 中导入音乐。

除了使用惯用的添加素材方法向音频素材库中添加音频文件之外，还可以使用“从音频 CD 中导入音乐”的方式。单击选项面板的“音乐和声音”选项卡中的“从音频 CD 导入”按钮，如图 5-21 所示，打开“转存 CD 音频”对话框，单击“浏览”按钮并选择输出文件夹，选择“转存后添加到项目”，单击“转存”按钮将 CD 上的曲目录制并转换为 wav 文件，插入到“音乐轨”上。

图 5-21　音频素材选项面板“音乐和声音”选项卡

（2）录制画外音。

单击“声音轨”的空白处，拖动时间轴上的“飞梭栏”，停在要录制旁白的视频段，在选项面板的“音乐和声音”选项卡中，单击“录制画外音”按钮，打开“调整音量”对话框，如图 5-22 所示。对着话筒讲话，检查仪表是否有反应，一切正常后单击“开始”按钮进行录音，按 Esc 键结束录音。

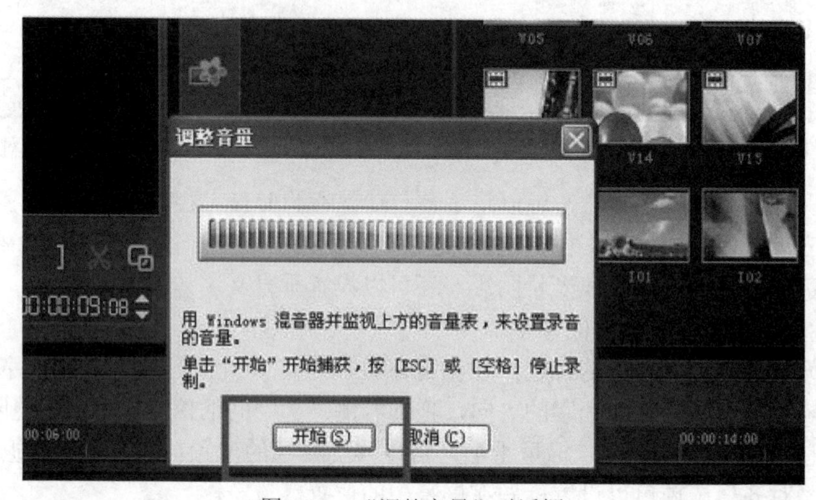

图 5-22　“调整音量”对话框

（3）回放速度。

音频素材速度控制在50%～150%，声音不会失真。在选项面板的“音乐和声音”选项卡中，单击“回放速度”按钮以打开“回放速度”对话框，在“速度”选项中输入数值或拖动滑动条改变音频素材的速度，速度减慢将延长音频素材的区间。

（4）音量调整。

在选项面板的“音乐和声音”选项卡的“音量”处输入数值或拖拽滑块。音量数值代表原始录制音量的百分比，取值范围为 0%～100%，其中 0%将使素材完全静音，100%将保留原始的录制音量。还可以单击“淡入”或“淡出”按钮设置音频文件开始时的音量从 0%到 100%递增，结束时的音量从 100%到 0%递减。

除此之外还可以通过音量调节线来调整音量，如图 5-23 所示。音量调节线是时间轴视图中音乐或声音轨中央的水平线，可以调节轨道上的音频素材音量，将鼠标指针移动至调节线，光标呈向上的直线箭头，向上拖拽产生一个增强点来调高音量，向下拖拽产生一个减弱点来调低音量，将增强或减弱点拖拽到音频外来删除点。

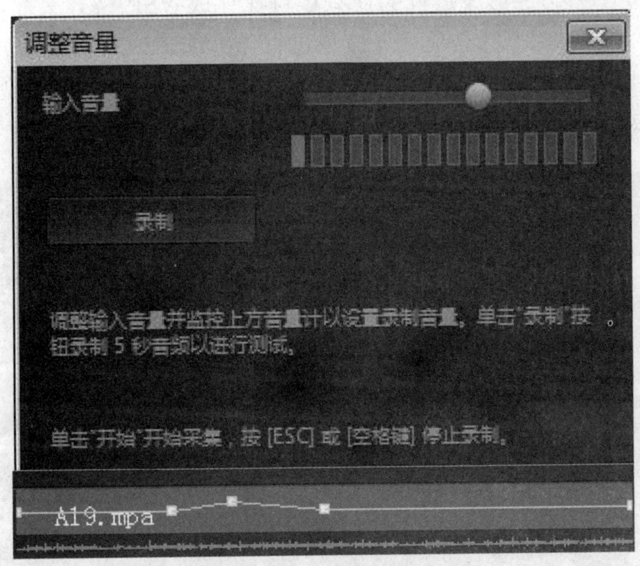

图 5-23　音频轨上的音量调节线

（5）音效调整。

选中时间轴视图上的音频素材，在“音频”选项面板的“音乐和声音”选项卡中单击“音频滤镜”按钮，打开“音频滤镜”对话框，在可用滤镜中选取要应用的音频滤镜，单击“添加”按钮添加到已用滤镜列表。如果已用滤镜列表中有多余的滤镜，可以选中后再单击“删除”按钮，选择结束后单击“确定”按钮。音频滤镜可以对选中的音频素材进行放大、嘶声降低、删除噪音、混响、声音降低等效果调整。

除此之外还可以通过“环绕混音”来调整音量和音效。单击工具栏中的“混音器”按钮，选择“设置”/“启用 5.1 环绕声”命令，选择音乐轨，在选项面板的“环绕混音”选项卡中拖拽中央的音符符号，将放大来自于首选方向的声音，拖动滑块调整音频的音量级别，如图 5-24 所示。

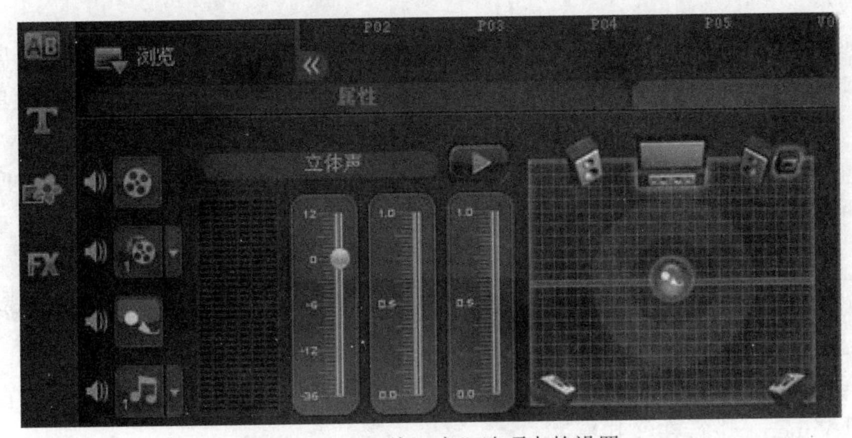

图 5-24　“环绕混音”选项卡的设置

10. 分享

“编辑”步骤是制作视频文件的核心，通过选择“文件”/“保存”命令可以将包含编辑步骤中素材的路径位置和影片形成过程的视频项目保存成 VSP 格式文件，即会声会影的源文件。可以通过选择“文件”/“打开项目”命令进行再续编辑或完善修改。

完成“编辑”步骤后，在“分享”步骤中创建视频文件，并可以将视频文件刻录到光盘、输出到 DV 摄像机、导出到移动设备或上传到网上，如图 5-25 所示。

图 5-25 “分享”选项面板

“创建视频文件”/“与项目设置相同”命令可以创建一个与项目文件名称和保存位置相同的 MPEG 文件。

“创建视频文件”/“MPEG 优化器”命令可以在提示的文件最大与最小范围内自定义转换文件的大小。

“创建光盘”将打开 Corel DVD Factory Pro 2010，输入项目名称，选择光盘 DVD 或 Blu-ray，项目格式为 DVD-Video 或 AVCHD，单击“转到菜单编辑”按钮进行菜单标题、配乐、样式、转场、装饰、背景的设置，单击“刻录”按钮进行光盘刻录。

“项目回放”可以选取整个项目或预览范围，并全屏幕回放，如果有捕捉卡或 VGA-TV 转换器，可以输出到录像带或 TV 监视器。

“DV 录制”“HDV 录制”可以将视频文件输出到 DV 摄像机。

“导出到移动设备”可以将视频文件输出到 iPod、PSP、移动电话、WMV Pocket PC、WMV Smartphone。

“上传到 YouTube”“上传到 Vimeo”可以将项目输出为 flv 格式文件，直接上传到 YouTube 或 Vimeo，进行在线共享。

5.1.2.2 技巧方法

（1）利用视频、照片、音频中的“库创建者”命令，新建自用素材库。

（2）利用转场效果、标题中的“收藏夹”命令，将常用转场效果和自创作的标题添加到收藏夹中，方便多次使用。

（3）利用项目时间轴面板的“轨道管理器”按钮，可以添加多个轨道。

（4）利用工具栏中的“即时项目”提供的项目模板，替换其中的素材，快速完成模仿作品。

（5）利用“文件”/“智能包”命令将源文件和素材文件保存在同一文件夹中。

5.1.3 教学案例

扫码看视频

5.1.3.1 案例效果

制作记录性质的视频“我看中国馆”，如图5-26所示。

图5-26 案例效果

5.1.3.2 案例操作流程

本案例操作流程如图5-27所示。

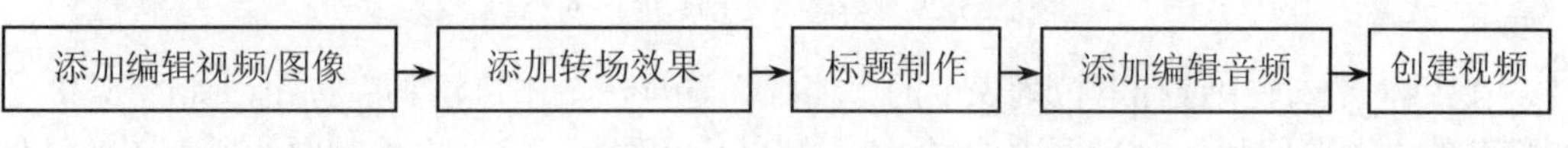

图5-27 案例操作流程

“添加编辑视频/图像”将准备好的视频/图像文件添加到素材库中，对视频进行剪辑和调整图像播放时长后添加滤镜效果。“添加转场效果”对编辑调整好的视频轨上的不同场景连接处添加转场效果。“标题制作”在标题轨添加标题后编辑内容和效果，制作片头片尾字幕效果。“添加编辑音频”将音频文件添加到音频轨上，并根据视频项目的时长修整音频的时长，添加淡入淡出效果。“创建视频”将编辑的项目文件创建成mpg格式的视频文件。

5.1.3.3 案例操作步骤

1. 添加编辑视频/图像

（1）添加视频素材。

启动会声会影程序后，在步骤面板上选中“2 编辑”，单击“媒体”标签，在下拉列表中选择“视频”选项，选择视频素材库中的V05略图拖拽到故事板视图，作为片头备用。

单击视频素材库中的“添加”按钮，如图5-28所示。在打开的“浏览视频”对话框中选择“素材”文件夹中的“我看中国馆”视频文件，单击“打开”按钮将选中的素材添加到视频素材库中。选择视频素材库中的“我看中国馆”略图，拖拽到故事板视图。

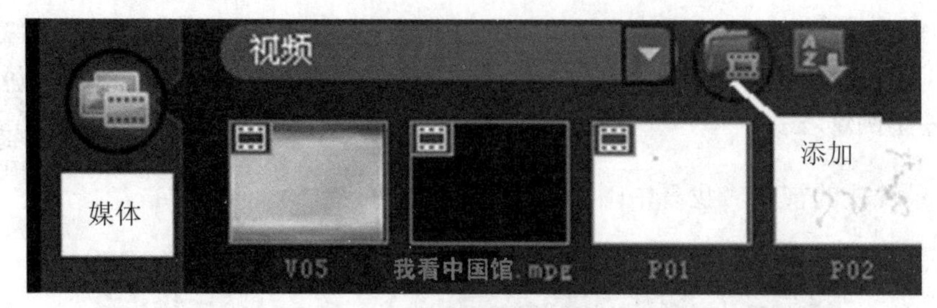

图5-28 添加视频素材到素材库

（2）添加图像素材。

单击“媒体”标签，在下拉列表中选择“库创建者”选项，在打开的对话框中选择“照片”，单击“新建”按钮，在打开的“新建自定义文件夹”对话框中输入文件夹名称“我看中国馆”并单击“确定”按钮，如图5-29所示。

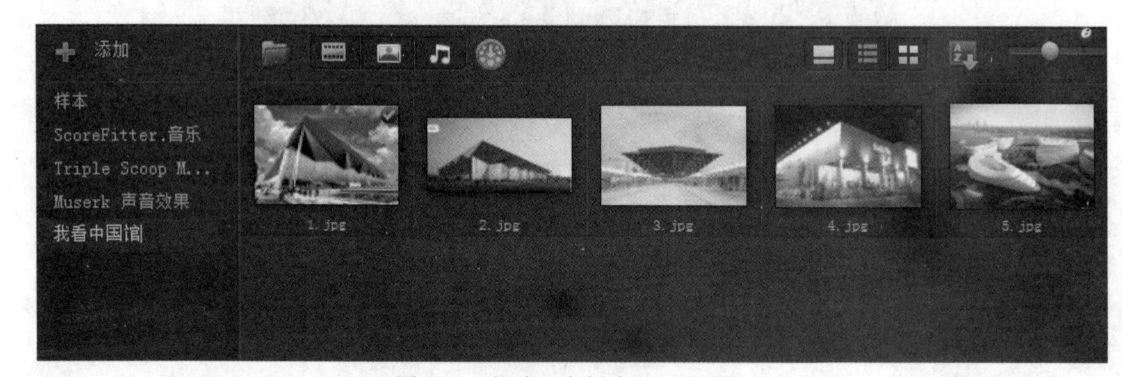

图5-29 新建“库创建者”对话框

在媒体素材库中选择下拉列表中的“照片”选项，单击“添加”按钮，如图5-30所示。在打开的“浏览照片”对话框中选择“素材”\“我看中国馆”文件夹中的所有图像文件，单击“打开”按钮将选中的素材添加到“我看中国馆”素材库中。选择“我看中国馆”素材库中的所有略图，拖拽到故事板视图，如图5-31所示。

（3）分割视频素材。

切换到时间轴视图，选中第一段视频，在预览面板上拖动“飞梭栏”停在时间码为 5 秒的位置，单击剪刀形状的“分割”按钮，将视频分割为两段，如图5-32所示。

图 5-30　添加图像素材到素材库

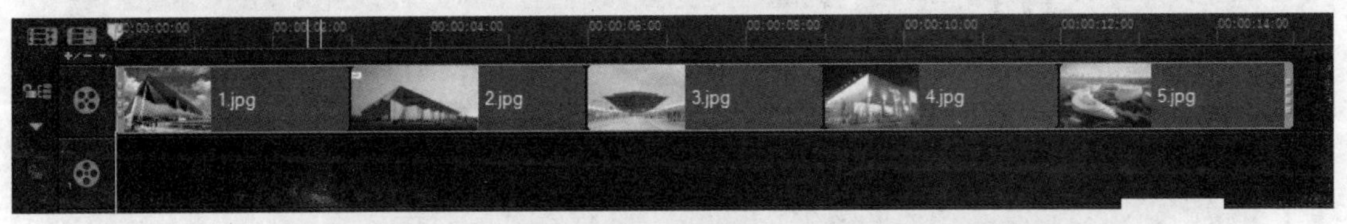

图 5-31　添加图像素材到故事板视图

图 5-32　分割视频

（4）删除视频素材。

选中视频轨上分割后的第一段，按 Delete 键删除。

（5）视频静音。

选中视频轨上的“我看中国馆.mpg”视频，在选项面板的“视频”选项卡中，单击“静音”按钮。

（6）多重修整视频素材。

选中视频轨上的“我看中国馆.mpg”视频，在选项面板的“视频”选项卡中单击“多重修整视频”按钮，在打开的对话框中，拖动“飞梭栏”，辅助使用“下一帧”按钮在“精确剪辑时间轴”上选择位置，到时间码显示 00:01:09:19 处单击“开始标记”按钮，继续拖拽飞梭栏到时间码显示 00:01:17:19 处单击“结束标记”按钮，此时选取了第一段视频片断，如图 5-33 所示。

重复此操作，第二段视频片断的时间码选取区间为 00:01:20:07－00:01:25:20。第三段视频片断的时间码选取区间为 00:01:30:04－00:01:31:18。第四段视频片断的时间码选取区间为 00:01:33:12－00:02:00:24。

（7）回放速度。

选中视频轨上的第三段“我看中国馆.mpg”视频片断，在选项面板的“视频”选项卡中，选择“回放速度”选项，将其速度减慢，调整为 60%，时间由原来的 0:0:1:15 延长至 0:0:2:16，如图 5-34 所示。

图 5-33　多重修整视频素材

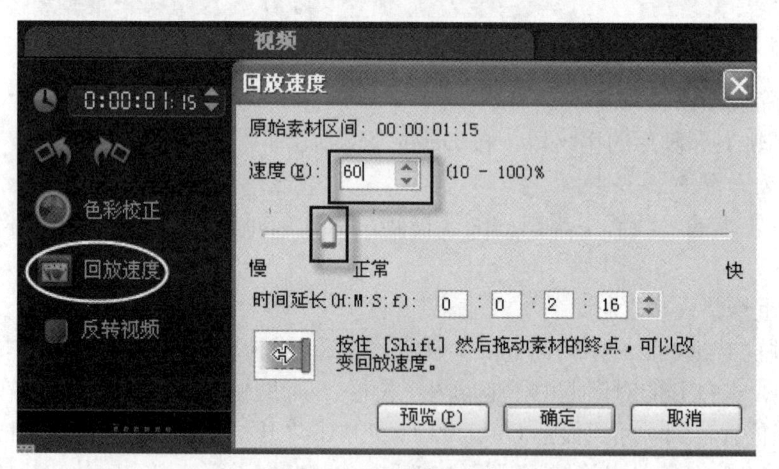

图 5-34　调整回放速度

以同样的方法选中第四段“我看中国馆.mpg”视频片断，将速度加快，调整为 120%。

（8）添加滤镜。

选中视频轨上的第四段“我看中国馆.mpg”视频片断，在选项面板的“属性”选项卡中，在自动打开的 FX 素材库中选择滤镜略图，在预览窗口中显示效果，拖拽“抵消摇动”滤镜到视频轨选中的素材上，在视频轨的略图左上方会出现滤镜图标，再拖拽“锐化”滤镜到视频轨选中的素材上，如图 5-35 所示。

图 5-35 添加滤镜

重复此操作，给“我看中国馆.mpg”的第一段视频片断添加“自动曝光”滤镜，给第二段视频片断添加“抵消摇动”滤镜，给第三段视频片断添加“气泡”滤镜。

选中视频轨上的图像，在选项面板的“属性”选项卡中，重复拖拽滤镜到视频轨上图像的操作，给视频轨上的图像 1 添加“镜头闪光”滤镜，给图像 2 添加“自动曝光”和“视频摇动和缩放”滤镜，给图像 3 添加“自动曝光”和“星形”滤镜，给图像 4 添加“自动调配”和“彩色笔”滤镜。

如需删除已添加的滤镜效果，选中列表中的滤镜，单击“删除滤镜”按钮。

（9）图像的摇动和缩放。

分别选中视频轨上的图像，在选项面板的“照片”选项卡中选择“摇动和缩放”选项，在下拉列表中选择效果略图，如图 5-36 所示。

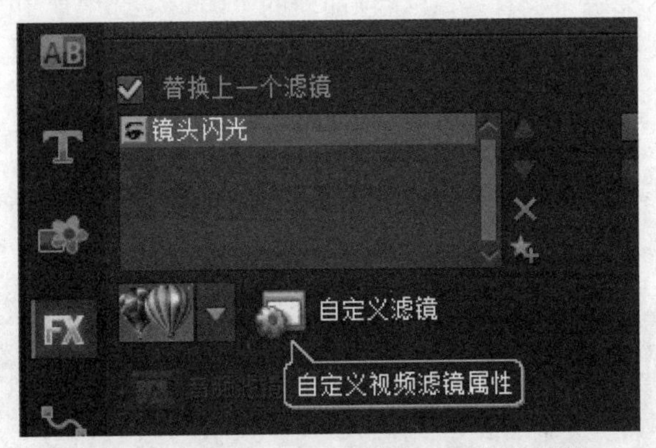

图 5-36 图像的“摇动和缩放”“区间”设置

（10）图像延时。

分别选中视频轨上的图像，在选项面板“照片”选项卡中的“区间”选项中单击“秒”时间码，输入图像在屏幕上所需停留时间的数值，单击“确定”按钮即可。

2. 添加转场效果

单击“转场”标签，在其下拉列表框中选择“全部”选项，再单击“对视频轨应用随机效果”按钮，如图 5-37 所示。

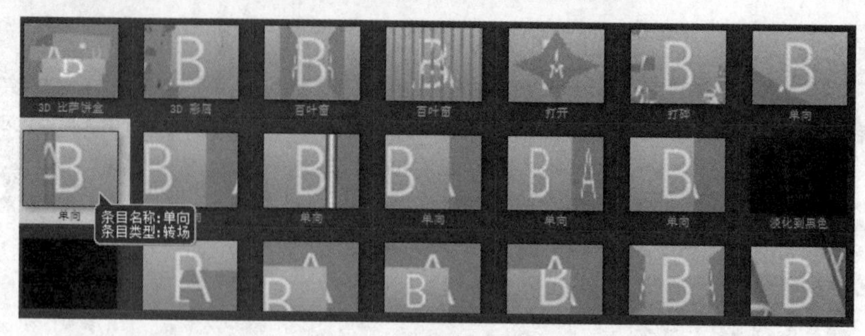

图 5-37　添加转场效果

这样在故事板视图中的两个视频/图像略图之间产生转场图标，如图 5-38 所示。选中第一个转场图标，按 Delete 键删除已添加的转场效果，从场景素材库中选择“遮罩”拖拽到此位置。也可以根据自己的设计手动替换已添加的转场效果。

图 5-38　故事板视图中的转场设置

3. 标题制作

（1）添加标题。

在时间轴视图中将“飞梭栏”停放在项目开始处的第 0 帧。单击“标题轨”，在预览窗口中双击添加标题，输入文字“我看”。在选项面板的“编辑”选项卡中选中“多个标题”单选按钮，再次双击输入文字“中国馆”。

（2）编辑标题。

选中文字“我看”，在选项面板的“编辑”选项卡中设置字形为粗体，字体为隶书，大小为 80，旋转为 30 度，颜色为黑色，边框/阴影/透明度为外部边框、橙色、光晕阴影，如图 5-39 所示。

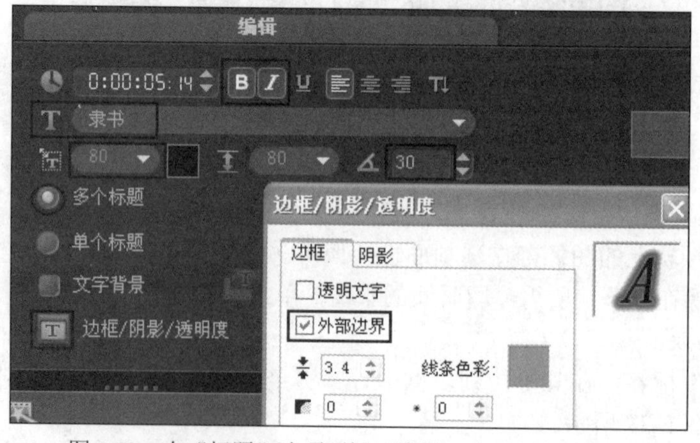

图 5-39　在“标题”选项面板“编辑”选项卡中的设置

选中文字“中国馆”，以同样的方法在选项面板的“编辑”选项卡中设置字形为粗体、斜体，字体为华文隶书，大小为120，颜色为红色，边框/阴影/透明度为光晕阴影。

（3）标题动画制作。

双击标题轨上的标题，在选项面板的“属性”选项卡选中“动画”单选按钮，勾选“应用”复选框，在其右侧下拉列表框中选择“淡化”选项，并在列表略图中选择合适的效果，如图5-40所示。

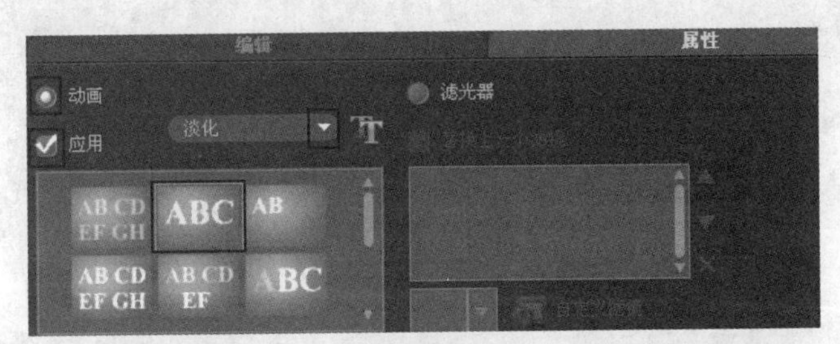

图5-40　在“标题”选项面板“属性”选项卡中的设置

（4）添加标题背景和边框。

在时间轴视图中，将“飞梭栏”停放在项目最后，时间码为00:01:02:03。

单击“图形”标签，在下拉列表框中选择“色彩”选项，选择略图（250,237,146）拖拽到视频轨；在下拉列表框中选择“边框”选项，选择略图F31拖拽到覆叠轨并作为文字的背景颜色和边框，如图5-41所示。在选项面板的“编辑”选项卡中设置素材区间为5秒。

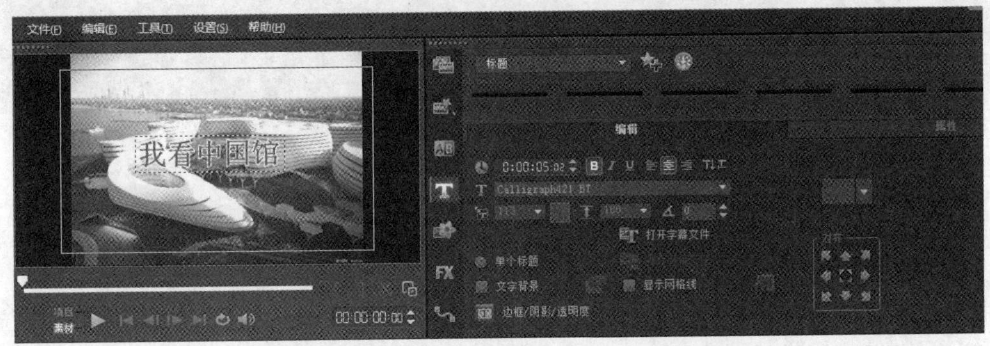

图5-41　图形素材库中“色彩”和“边框”的使用

（5）应用预设标题。

双击标题轨，选择预设标题略图，单击“添加到收藏夹”按钮，如图5-42所示。

选择下拉列表框中的“收藏夹”选项，选中略图拖拽到标题轨上，双击标题轨上的预设标题，在预览窗口的文字上双击，选中并修改文字内容为“洋翔工作室”，在文字外空白处双击添加文字The End，拖拽调整文字位置。在选项面板的“编辑”选项卡中区间也设置为3秒。

4. 添加编辑音频

（1）添加音频文件。

选择“音频”标签，在下拉列表框中选择“音频”选项，单击“添加”按钮，在打开的“浏览音频”对话框中，选择素材文件夹中的SP-MO1.mpa，单击“打开”按钮添加到素材库中。将素材库中的SP-M01.mpa略图拖拽到音乐轨1，如图5-43所示。

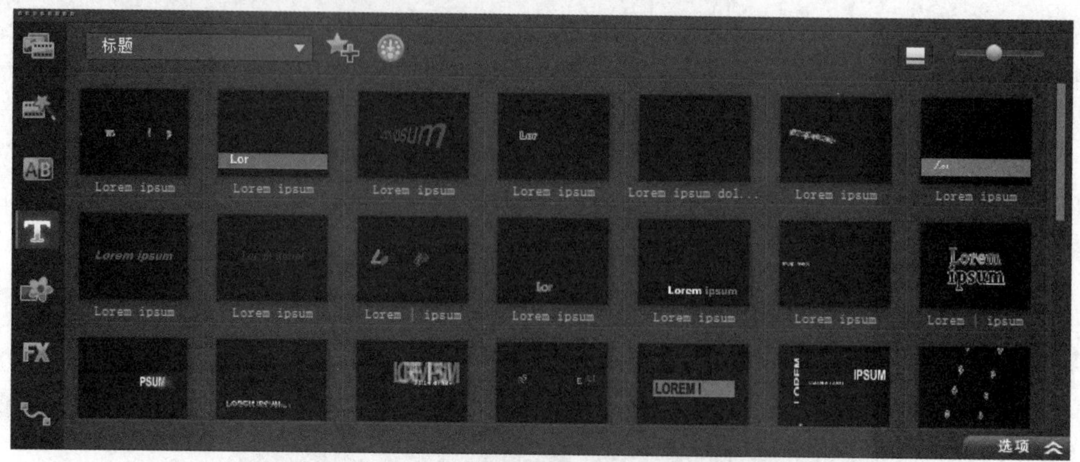

图 5-42　标题素材库中将预设标题添加到收藏夹中

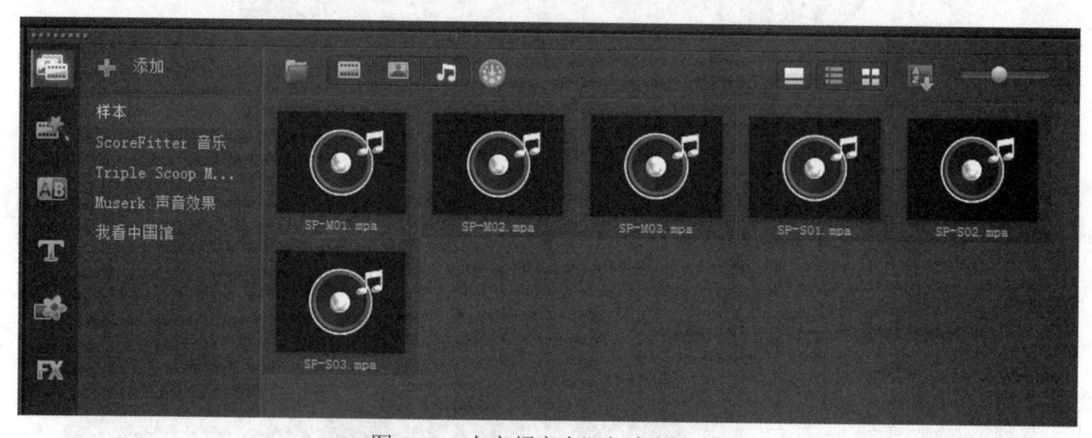

图 5-43　在音频库中添加音频文件

（2）调整音频文件在音乐轨上的位置

在时间轴视图中，拖拽音乐轨上的音频文件到 00:00:05:17 位置，即片头标题出现之后。

（3）调整音频文件的时长。

将鼠标指针停在音频文件右侧粗线框处，出现箭头光标后向左侧拖拽至 00:01:05:04 位置，即与项目视频结束位置一致。

（4）设置淡入淡出效果。

在选项面板的“音乐和声音”选项卡中单击“淡入”“淡出”按钮，如图 5-44 所示。

图 5-44　音频素材选项面板中“音乐和声音”选项卡的设置

5. 创建视频

制作过程中选择“文件”/“保存”命令，进行随作随存，将项目文件保存在D:\“作品”文件夹下，文件名为“我看中国馆.VSP”。

在步骤面板上选择“3 分享”，在选项面板上单击“创建视频文件”按钮，在下拉菜单中选择“自定义”命令，在打开的对话框中，单击“文件类型”按钮，在下拉列表框中选择“microsoft AVI 文件”选项，将视频文件保存在D:\“作品”文件夹下，文件名为“我看中国馆.avi”。

5.1.4 拓展练习

1. 练习名称

制作个人成长相册。

2. 练习要求

（1）使用“即时项目”中的模板。

（2）替换素材并调整素材区间。

（3）编辑转场和滤镜效果。

（4）编辑制作标题。

（5）创建视频。

5.2 Adobe Premiere Pro CC 2017 简介

5.2.1 教学目标

通过本节例的学习，读者能够了解到Adobe Premiere Pro CC 2017非线性视频编辑软件的系统要求和主要功能，掌握Adobe Premiere Pro CC 2017的工作环境和使用流程，从而为利用Adobe Premiere Pro CC 2017进行后期影视编辑打下良好的基础。

5.2.2 教学内容

5.2.2.1 基本知识

1. 主要功能

Adobe Premiere Pro CC 2017是Adobe公司最新推出的升级版非线性编辑软件，它是一个非常优秀的视频编辑软件，能对视频、声音、动画、图片、文本进行编辑加工，并最终生成电影文件。Adobe Premiere Pro CC 2017软件具有优异的性能和广阔的发展前景，能够满足各种用户的不同需求。下面是 Adobe Premiere Pro CC 2017的主要功能。

（1）LUT滤镜。

来自Adobe SpeedGrade高端调色调光软件的LUT色彩滤镜已经植入Premiere Pro CC版以后的版本中，即使没有安装Adobe SpeedGrade，Adobe Premiere也可以独立地浏览、应用、渲染Adobe SpeedGrade调色预设。

表 5-1 LUT 滤镜

去饱和度调色预设	电影调色预设	色温调色预设	风格调色预设
红色滤波	夜晚	三色调	七十年代
黄色滤波	棕褐色效果	冷暖色中间调	六十年代
中间调去饱和	电影风格	冷暖色混合	旧时光
整体去饱和	压缩效果	双色调	梦想
整体去饱和		暖色中间调	
		暖色伽马混合	

（2）轨道设计。

对软件的按钮布局不满意，自己想来设计？Adobe Premiere Pro CC 2017 满足你。

Adobe Premiere Pro CC 2017 软件上的按钮像一个个可以随意拆卸、拼接的玩具，可以像搭积木一样自己拼接自己喜欢的按钮，设计自己心仪的界面。这项更新最早出现在 CS6 中，CS6 让监视器上的按钮开放化和自由化，继 CS6 以后，在 CC 2017 中，轨道也采用了这种开放式设计。

（3）Adobe Anywhere。

Adobe 的新组件 Adobe Anywhere 带来了划时代的编辑概念。当下工作流程是制作视频，需要依次进行，一步步做好。比如先用 Premiere 剪辑视频，再交由 Audition 处理音频，最后再用 After Effects 制作特效。人们不得不用移动硬盘等设备在不同工作区间里来回复制数据，而这样传统的流程存在诸多效率低下和人力浪费的问题。

Adobe Anywhere 的出现打破了这一格局，在制作视频过程中可以交替进行处理。多人在任何时间地点都可以同时处理同一个视频。Adobe Anywhere 可以让各视频团队有效协作并跨标准网络访问共享媒体，即可以使用本地或远程网络同时访问、流处理以及使用远程存储的媒体，而不需要大型文件传输、重复的媒体和代理文件。

（4）音轨混合器。

在 CC 2017 中，“调音台”面板已重命名为“音频轨道混合器”。此名称的更改有助于区分音频轨道混合器和新增的“音频剪辑混合器”面板。“音频轨道混合器”中的弹出菜单已重新进行设计，可以采用分类子文件夹的形式显示音频增效工具，以便更快地进行选择。

新增的“音频剪辑混合器”面板，当“时间轴”面板是用户所关注的面板时，可以通过“音频剪辑混合器”监视并调整序列中剪辑的音量和声像。同样，当关注“源监视器”面板时，可以通过“音频剪辑混合器”监视“源监视器”中的剪辑。要访问“音频剪辑混合器”，请从主菜单中选择“窗口”/“音频剪辑混合器”命令。

（5）音频加强。

以 Adobe Audition 的波形方式显示音频更加科学；多声道 QuickTime 导出；支持第三方 VST3 增效工具，在 Mac 上，还可以使用音频单位（AU）增效工具；音频波形可以以标签颜色显示。

（6）云同步。

新增的“同步设置”功能使用户可以将其首选项、预设和设置同步到 Adobe Creative Cloud。

如果在多台计算机上使用 Adobe Premiere Pro CC 2017，则借助“同步设置”功能很容易使各计算机之间的设置保持同步。同步将通过 Adobe Creative Cloud 账户进行。将所有设置上传到 Adobe Creative Cloud 账户，然后再下载并应用到其他计算机上。

（7）隐藏字幕。

可以使用 Adobe Premiere Pro CC 2017 中的隐藏字幕文本，而不需要单独的隐藏字幕创作软件。

（8）增强属性粘贴。

“粘贴属性”对话框可让用户轻松地在多个剪辑之间添加和移动音频及视觉效果。选择任意决定粘贴视频的部分属性或部分滤镜。

（9）Adobe Story 面板。

Adobe Story 面板可让用户导入在 Adobe Story 中创建的脚本以及关联元数据，以指引用户进行编辑。

用户可以在工作时快速导航到特定场景、位置、对话和人物，也可以使用“语音到文本”搜索查找所需的剪辑并在 Adobe Premiere Pro CC 2017 编辑环境中编辑到脚本。

（10）集成扩展。

Adobe Premiere Pro CC 2017 集成的 Adobe Exchange 面板可让用户快速浏览、安装并查找最新增效工具和扩展的支持。选择“窗口”/“扩展”/Adobe Exchange 命令以打开 Adobe Exchange 面板，即可以找到免费扩展和付费扩展。

Adobe Premiere Pro CC 2017 弥补了 Adobe Premiere Pro CC 2015 的不足，使其更加完善。更多新增功能可访问 https://www.adobe.com/cn/products/premiere/features.html 了解详情。

2. 系统要求

Adobe Premiere Pro CC 2017 对系统要求比较高，下面是 Windows 平台下的要求。带有 64 位支持的多核处理器；Microsoft Windows 7 Service Pack 1（64 位）、Windows 8（64 位）或 Windows 10（64 位）；8GB RAM（建议 16GB 或更多），8GB 可用硬盘空间用于安装；安装过程中需要额外可用空间（无法安装在可移动闪存设备上）；1280×800 显示器（建议使用 1920×1080 或更高分辨率）；ASIO 协议或 Microsoft Windows Driver Model 兼容声卡；Adobe 推荐的 GPU 卡（可选），用于实现 GPU 加速性能；必须具备 Internet 连接功能并完成注册，才能激活软件、验证订阅和访问在线服务。

3. 启动和退出

（1）选择“开始”/“所有程序”/“Adobe Premiere Pro CC 2017”命令，单击其中的“Adobe Premiere Pro CC 2017”快捷图标来启动 Adobe Premiere Pro CC 2017 应用程序，启动后如图 5-45 所示。

双击桌面上的 Adobe Premiere Pro CC 2017 快捷方式或者直接双击 Adobe Premiere Pro CC 2017 的项目文件，也可以启动 Adobe Premiere Pro CC 2017 应用程序。

（2）单击“新建项目”按钮，可以创建新的项目文件，修改项目文件保存位置和项目名称，如图 5-46 所示。

单击“浏览”按钮，选择项目文件保存位置，再选择文件，单击“确定”按钮，可以进入原有项目文件编辑窗口。

图 5-45　欢迎界面

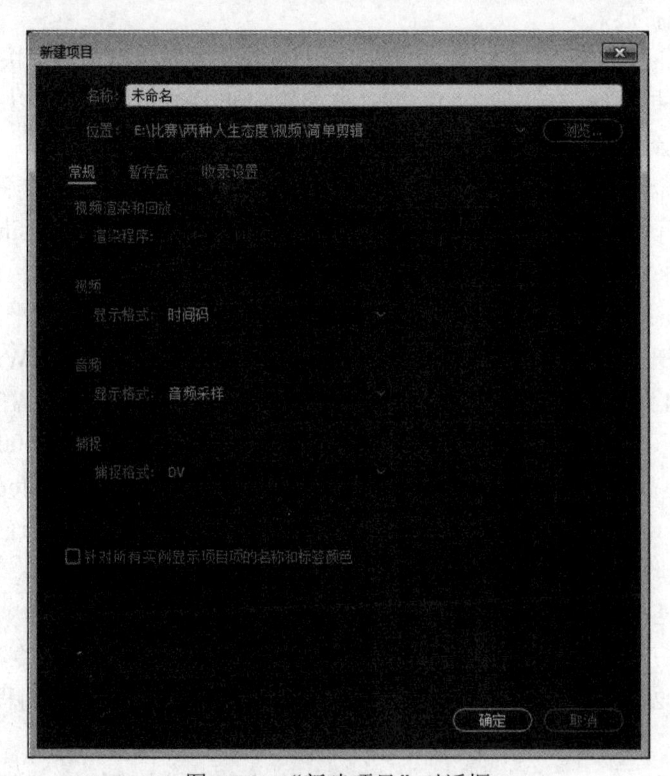

图 5-46　“新建项目”对话框

（3）利用“文件”/“退出”命令可以退出 Adobe Premiere Pro CC 2017 应用程序，或者单击“关闭窗口”按钮退出应用程序。

4. 窗口组成

启动 Adobe Premiere Pro CC 2017 应用程序，进入到 Adobe Premiere Pro CC 2017 的编辑窗口，如图 5-47 所示。

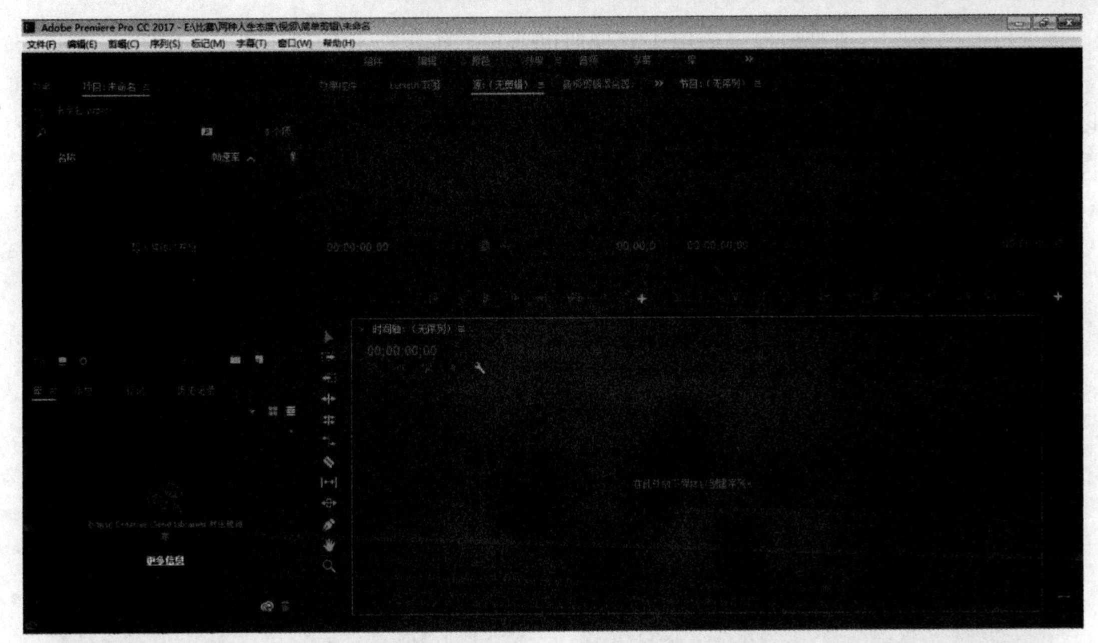

图 5-47　Adobe Premiere Pro CC 2017 编辑窗口

Adobe Premiere Pro CC 2017 是具有交互式界面的软件，用户可以方便地将菜单和面板相互配合使用，窗口中的面板不仅可以随意关闭和开启，而且还能任意组合和拆分，用户可以根据自身的习惯来定制工作区界面。

Adobe Premiere Pro CC 2017 窗口主要由以下几部分组成。

（1）菜单栏。菜单栏中主要是对项目文件进行参数设置，以及对项目文件和窗口进行具体操作的菜单命令，如图 5-48 所示。

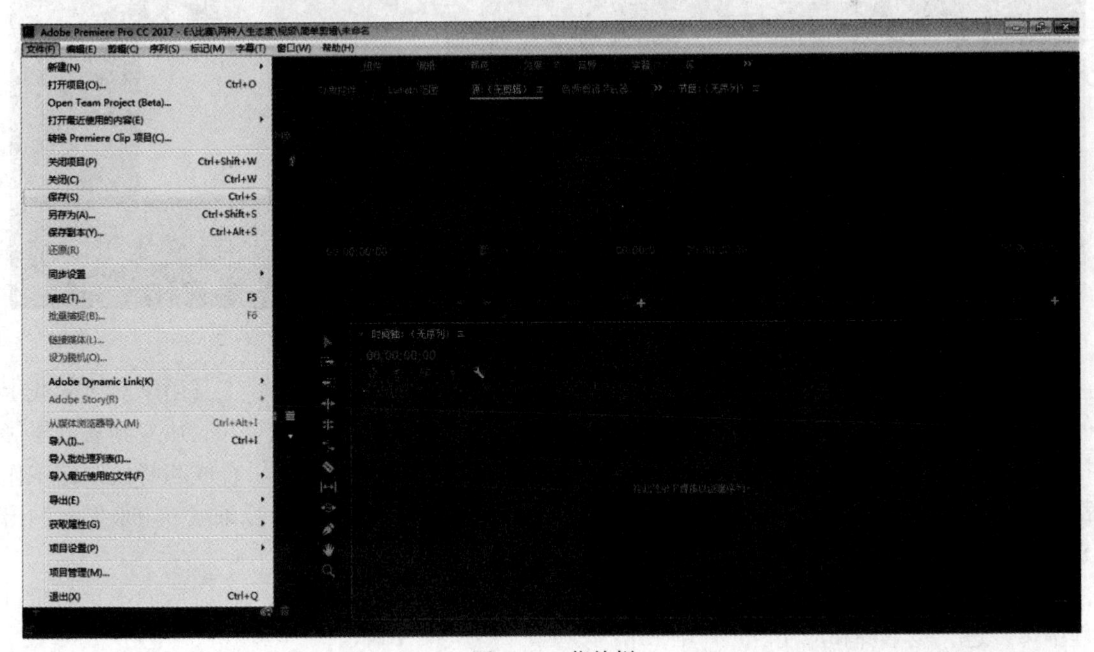

图 5-48　菜单栏

（2）项目窗口。项目窗口一般用来存储时间线窗口编辑合成的原始素材，如图 5-49 所示。

（3）效果面板。效果面板显示时间线窗口中选中的素材所采用的一系列特技效果，可以方便地对各种特技效果进行具体设置，还可以在“项目”和“效果”窗口之间切换，如图 5-50 所示。

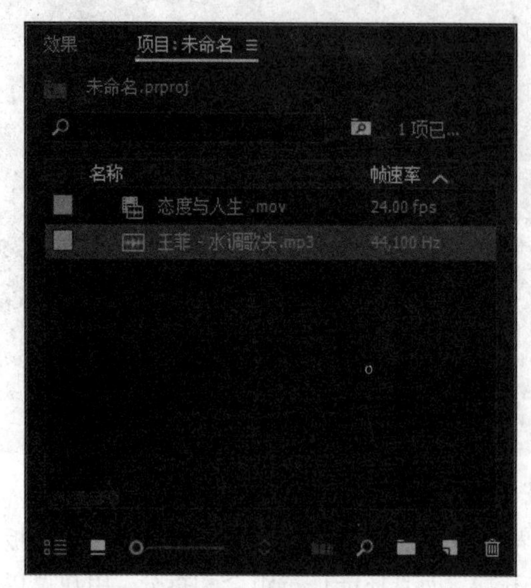

图 5-49　项目窗口

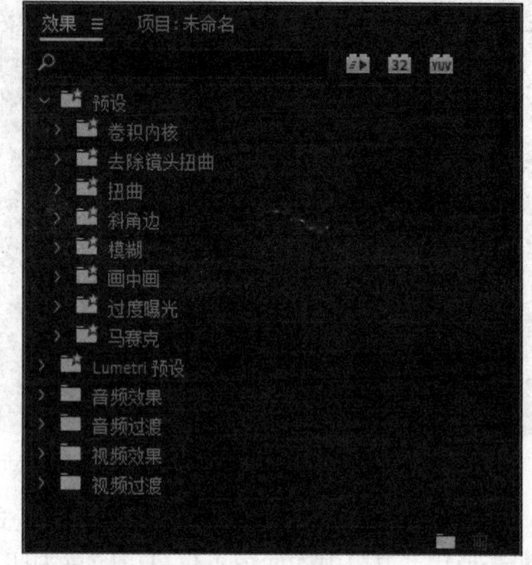

图 5-50　效果面板

（4）监视器窗口。在监视器窗口中可以进行素材的精细调整，如进行色彩校正和素材剪辑，利用窗口下面的工具可以对时间线中的素材进行编辑，如图 5-51 所示。

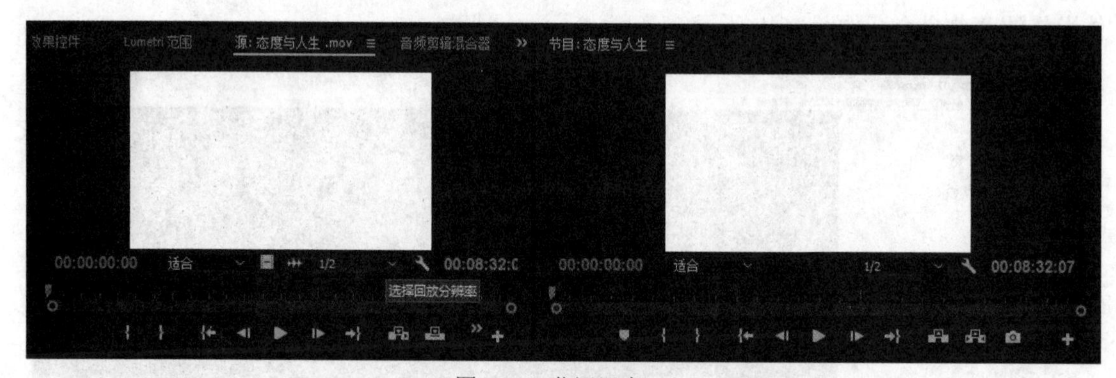

图 5-51　监视器窗口

（5）工具面板、时间线窗口和音频主控电平表面板。工具面板中的工具用于对时间线上的素材进行剪辑；时间线窗口是非线性编辑器的核心窗口，在时间线窗口中，从左到右以电影播放时的次序显示所有该电影中的素材，对视频、音频素材的大部分编辑合成和特技制作工作都是在该窗口中完成的；音频主控电平表面板（位于该界面最右侧，为长条状）用来显示输出素材的音频电平数值，如图 5-52 所示。

以上是对 Adobe Premiere Pro CC 2017 运行环境和工作界面的认知，在以后的影片剪辑过程中可以进一步掌握和应用。

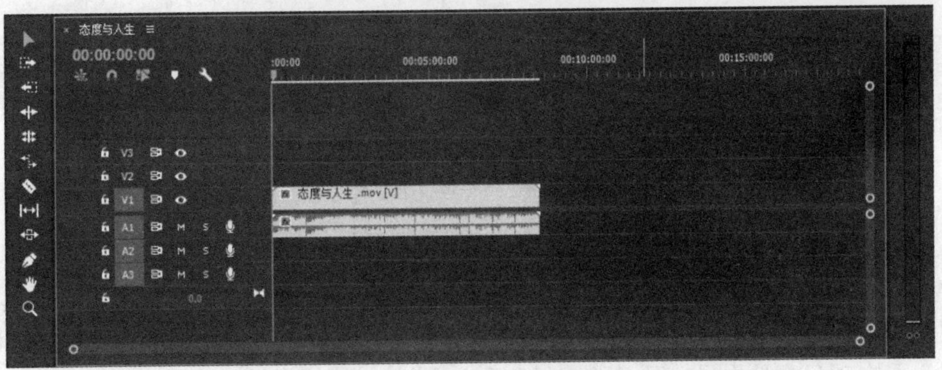

图 5-52 时间线窗口、工具面板和音频主控电平表面板

5.2.2.2 方法技巧

（1）利用菜单栏中的菜单命令可以对项目文件的参数进行详细设置。

（2）利用监视器窗口可以对选用素材和编辑效果进行快速预览。

（3）利用窗口面板可以对影片进行便捷的编辑。

5.2.3 教学案例

5.2.3.1 案例效果

在进行影片编辑时我们会向项目文件中导入影片编辑素材，然而 Adobe Premiere Pro CC 2017 素材分为两类，一类来自素材库，一类来自采集设备。视频、音频素材的采集设备主要是采集卡，Adobe Premiere Pro CC 2017 提供了强大的采集工具。采集卡是专业级、广播级影视制作中必不可少的硬件，用它可以采集、输入/输出模拟信号和数字信号，大大提高了影片编辑制作的工作效率，如图 5-53 所示。

图 5-53 案例效果

5.2.3.2 案例操作流程

采集 DV 素材的流程图，如图 5-54 所示。

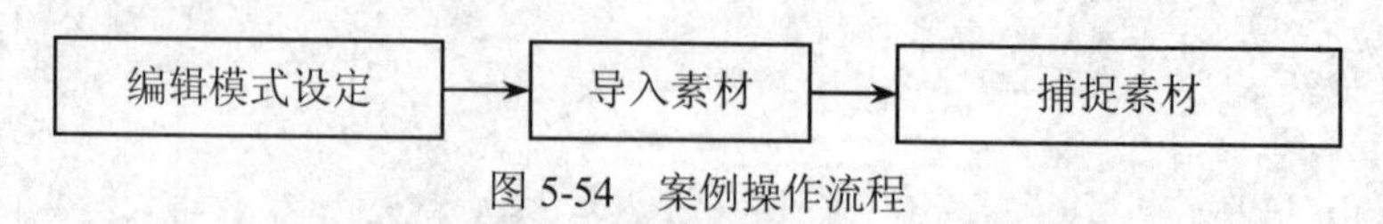

图 5-54 案例操作流程

“编辑模式设定”由影片格式决定，在新建项目文件时选择有效预置模式。采集设备控制由采集设备决定（以 1394 卡为例），采集记录设置是以素材磁带场记为准来设定时间码。“导入素材”是向项目文件中导入预备的素材和采集素材。“捕捉素材”是指待选取部分素材可通过“捕捉”菜单命令对素材进行捕捉。

5.2.3.3 案例操作步骤

（1）启动 Adobe Premiere Pro CC 2017 应用程序，单击“新建项目”按钮，设置项目文件名称为“影视编辑”和项目文件存储位置，然后在“文件”下拉菜单中，选择“新建”/“序列”命令，打开“新建序列”对话框，选择 DV-PAL/“标准 48kHz”，如图 5-55 所示。

图 5-55 设定序列预设

（2）选择“文件”/“导入”菜单命令（或双击“素材采集”窗口），弹出“导入”对话框，选择导入素材的类型，打开素材文件的存放位置，选中所用素材，单击“打开”按钮，将素材导入到项目文件中备用，如图 5-56 所示。

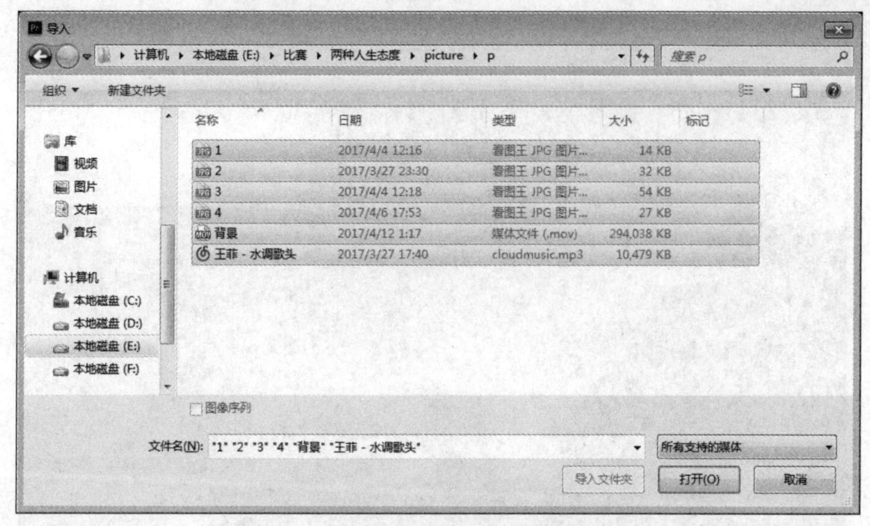

图 5-56　选择导入素材类型和素材文件

（3）选择“文件”/“捕捉”菜单命令（或按 F5 快捷键），弹出“捕捉”窗口，利用监视器窗口下面的功能控制键来控制录像机浏览磁带上的图像，在“记录”选项卡下修改磁带名称和剪辑名称，并且可以记录有关素材的描述信息，可以设定要采集的磁带入点和出点时间码，同时在监视器窗口下面会显示设定的时间码，如图 5-57 所示。

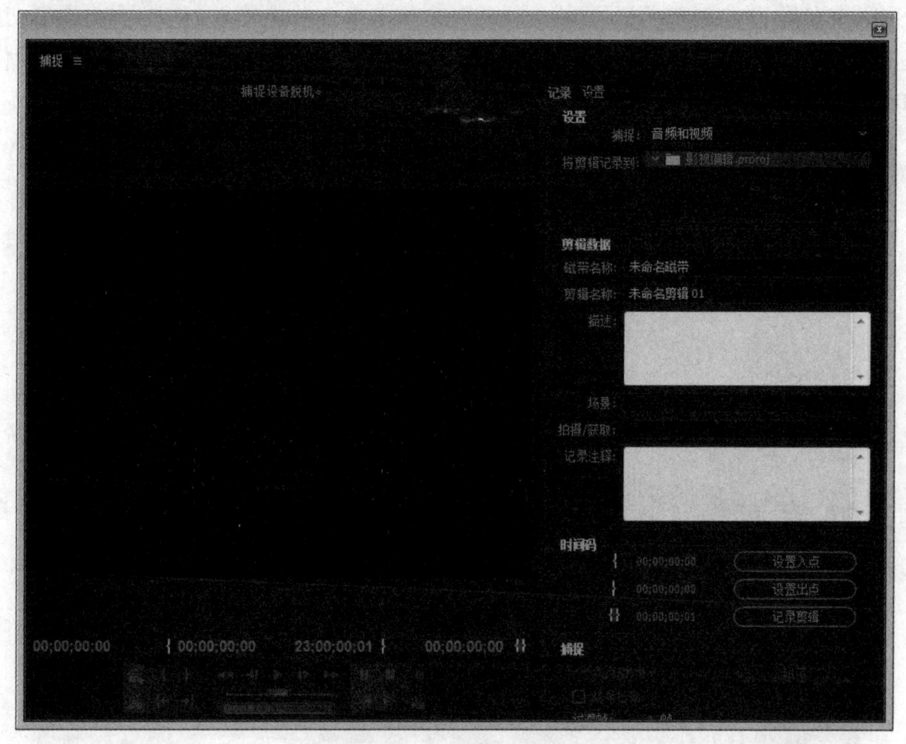

图 5-57　“记录”选项卡

（4）选择“设置”选项卡，修改“采集位置”与项目文件在同一磁盘，设置“设备控制”选项组中“设备”选项为“DV/HDV 设备控制器”（1394 采集卡），如图 5-58 所示。

图 5-58　“设置”选项卡参数设置

（5）所有参数设定好之后返回到“记录”选项卡中，单击“入点/出点”按钮，进行素材采集，在监视器窗口上方有采集的相关信息，当磁带播放到设定的出点时间码时自动停止素材采集，如图 5-59 所示。

图 5-59　进行素材采集

（6）采集完素材后关闭“采集”对话框，返回到项目编辑窗口中进行影视编辑合成，编辑完成后要保存项目文件。

5.2.4 拓展练习

1. 练习名称

导入序列图片和图层素材。

2. 练习要求

（1）导入序列图片并且设定每张图片的播放时间。

（2）向项目文件中导入psd格式的图片素材。

（3）在时间线上添加背景音乐文件。

5.3 Adobe Premiere Pro CC 2017 时间线窗口及使用

5.3.1 教学目标

时间线窗口是所有视频非线性编辑类工具的核心部件，视频编辑的主要操作均在时间线上完成。在 Adobe Premiere Pro CC 2017 众多的窗口中，居核心地位的是时间线（Timeline）窗口，在时间线中，可以把视频片断、静止图像、声音等组合起来，利用各种特技效果创作出更绚丽的影视效果。通过本节的学习，读者能够熟悉 Adobe Premiere Pro CC 2017 的工作界面，了解其主要功能，并能够在使用时熟练掌握，为后续学习打下基础。

5.3.2 教学内容

扫码看视频

5.3.2.1 基本知识

1. 时间线窗口

下面分别介绍时间线窗口（如图 5-60 所示）中各部分的名称与相关功能。

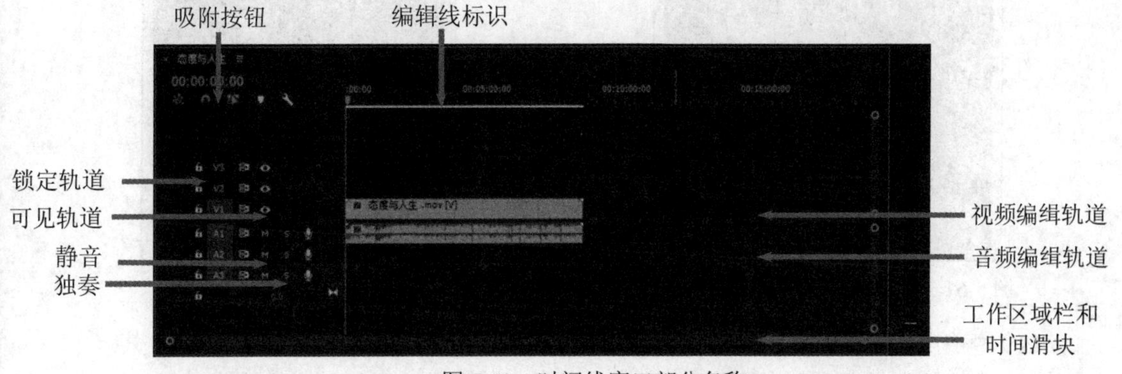

图 5-60 时间线窗口部分名称

- 工作区域栏和时间滑块为一体：规定了工作区的输出范围，只有该区域内的部分才能输出。同时也可放大或缩小编辑区域，对素材进行更加细致的编辑。也可左右移动到所需编辑区域。

- 编辑线标识：用于指示当前编辑位置。
- 吸附按钮：按下该按钮，可以启动吸附功能，这时在时间线窗口中拖动素材，素材片断将自动粘合到邻近素材片断的边缘。
- 设置非数字标记：用于在当前编辑线标识位置设置非数字标记，快捷键为 M。
- 锁定轨道：单击该按钮可以锁定轨道，不能对轨道进行编辑。

进行影片编辑、素材剪辑的操作都是在时间线窗口具体操作的，下面介绍时间线窗口中的基本操作。

（1）插入素材。

一般情况下，素材是通过文件导入到项目窗口的，然后双击素材文件可以在“源”窗口打开，直接拖拽该素材，可直接导入到时间线内。

（2）时间线上部分内容的删除。

选中要删除的内容并右击，在快捷菜单中选择“清除”或“剪切”命令或直接按 Delete 快捷键，就可以删除选中的内容。

（3）在已经编辑好的时间线上增加内容。

先将所需内容导入到项目列表中，选择要添加素材的轨道和时间线位置，直接拖拽到时间线上。

（4）修改素材的播放速度。

主要是设置素材的快放和慢放，选中素材后右击，在快捷菜单中选中“剪辑速度/持续时间”命令进行参数设置，设置完成后单击“确定”按钮，如图 5-61 所示。

（5）视频场的设置。

根据影片制式不同，在编辑时要对视频场进行设置，选中素材后右击，在快捷菜单中选择“场选项”命令设置参数，设置完成后单击“确定”按钮，如图 5-62 所示。

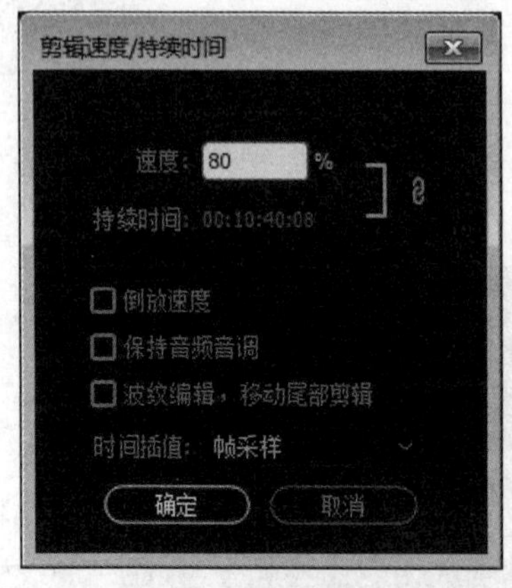

图 5-61 “剪辑速度/持续时间”设置

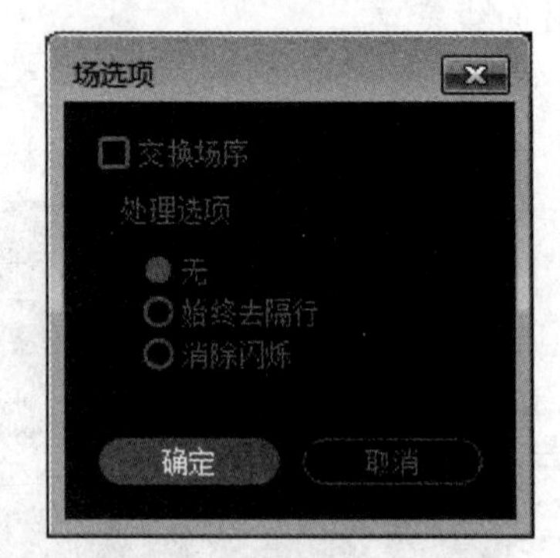

图 5-62 “场选项”设置

（6）编组与取消编组。

在编辑过程中，为了移动方便可以通过“编组”或“取消解组”命令对连续的内容进行编组和取消编组操作。

（7）建立和使用序列文件。

选择“文件”/“新建”/“序列”菜单命令，可以新建一个序列文件，并且每个序列文件都可以共享项目窗口中的素材。

2. 工具面板

工具面板位于时间线窗口的左侧，主要用于操作时间线上的内容，如图 5-63 所示。

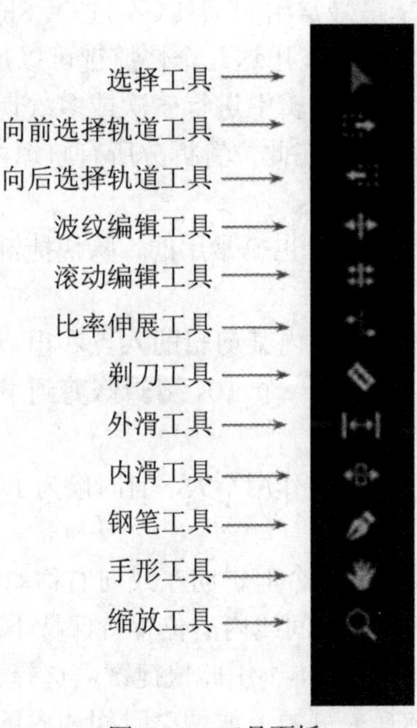

图 5-63 工具面板

（1）选择工具：快捷键为 V；最常用的快捷键和工具。按 Shift 键可以加选，按 Ctrl 键可以波纹移动，按 Alt 键可以复制。其他同理。

用于选择用户界面中的剪辑、菜单项和其他对象的标准工具。通常，在任何其他更专业的工具使用完毕之后，最好选择一下选择工具。

（2）向前轨道选择工具：快捷键为 A；按 Shift 键可以选择单独轨道。

选择此工具时，可选择序列中位于光标右侧的所有剪辑。要选择某一剪辑及其自己轨道中的所有右侧剪辑，请单击该剪辑。要选择某一剪辑以及所有轨道中位于其右侧的所有剪辑，请按住 Shift 键并单击该剪辑。按 Shift 键可将轨道选择工具切换到多轨道选择工具。

（3）向后选择轨道工具：快捷键为 Shift+A；其他同上，只是选择左侧的而不是右侧的。

（4）波纹编辑工具：快捷键为 B；好用却不常用，不用记快捷键，但一定要明白波纹的意思，然后想用的时候用选择工具，按住 Ctrl 键到剪辑点边缘两侧就是波纹编辑工具了。还有按 T 键之后也可以实现这个功能。还有个小技巧，当上下几轨一起选择，并用波纹编辑工具或者选择工具移动剪辑点时，有时候移动一轨，有时候这几轨一起移动是因为选择了剪辑内部还是外部的原因，选择内部则一起移动，外部则全动。

选择此工具时，可修剪时间线内某剪辑的入点或出点。波纹编辑工具可关闭由编辑导致的间隙，并可保留对剪辑左侧或右侧的所有编辑。

（5）滚动编辑工具：快捷键为 N；其他同上，按住 Ctrl 键到剪辑点就是滚动编辑工具。

选择此工具时，可在时间线内的两个剪辑之间滚动编辑点。滚动编辑工具可修剪一个剪辑的入点和另一个剪辑的出点，同时保留两个剪辑的组合持续时间不变。

（6）比率伸展工具：快捷键为 R；这个比较常用。

选择此工具时，可通过加速时间线内某剪辑的回放速度缩短该剪辑，或通过减慢回放速度延长该剪辑。比率伸展工具会改变速度和持续时间，但不会改变剪辑的入点和出点。

（7）剃刀工具：快捷键为 C；最最常用的工具。不过 Q、Shift+Q、W、Shift+W、E、Ctrl+K、Ctrl+Shift+K 也是很常用的剪辑快捷键，用这几个快捷键可以加快剪辑速度。

选择此工具时，可在时间线内的剪辑中进行一次或多次切割操作。单击剪辑内的某一点后，该剪辑即会在此位置精确拆分。要在此位置拆分所有轨道内的剪辑，请按住 Shift 键并在任何剪辑内单击相应点。

（8）外滑工具：快捷键为 Y；这个也挺常用的，除快捷键 V、C、A、R 之外最常用的一个，非常好用。

选择此工具时，可同时更改时间线内某剪辑的入点和出点，并保留入点和出点之间的时间间隔不变。例如，如果将时间线内的一个 10s 剪辑修剪到了 5s，可以使用外滑工具来确定剪辑的哪个 5s 部分显示在时间线内。

（9）内滑工具：快捷键为 N；通常作用不大，有时候为了使声画同步可能会用一下，一般很少用。

选择此工具时，可将时间线内的某个剪辑向左或向右移动，同时修剪其周围的两个剪辑。三个剪辑的组合持续时间以及该组在时间线内的位置将保持不变。

（10）钢笔工具：快捷键为 P；基本不用此快捷键，选择工具下按 Ctrl 键就是它了。

选择此工具时，可设置或选择关键帧，或调整时间线内的连接线。要调整连接线，请垂直拖动连接线。要设置关键帧，请按住 Ctrl 键（Windows）或 Command 键（Mac OS）并单击连接线。要选择非连续的关键帧，请按住 Shift 键并单击相应关键帧。要选择连续关键帧，请将选框拖到这些关键帧上。

（11）手形工具：快捷键为 H；基本不用这个工具，滑动鼠标中轮即可。

选择此工具时，可向左或向右移动时间线的查看区域。在查看区域内的任意位置向左或向右拖动。

（12）缩放工具：快捷键为 Z；这个工具也基本不用，按 Alt 键+鼠标中轮即可。

选择此工具时，可放大或缩小时间线的查看区域。单击查看区域将以 1 为增量进行放大。按住 Alt 键（Windows）或 Option 键（Mac OS）并单击将以 1 为增量进行缩小。

5.3.2.2 方法技巧

（1）利用快捷键可以快速切换工具栏中的编辑工具，这样可以大大提高影片的剪辑速度。

（2）利用音频视频轨道的层次关系设定同一画面中不同素材的前后层次。

（3）利用“速度/持续时间”命令可以控制影片的快放和慢放效果。

（4）利用序列文件可以嵌套序列文件中的素材编辑效果。

5.3.3 教学案例

扫码看视频

5.3.3.1 案例效果

利用时间线中的视频轨道层次关系和调整素材显示比例等工具对时间线的素材进行操

作，制作一个画中画效果的影片并添加背景音乐，案例效果如图 5-64 所示。

图 5-64　案例效果

5.3.3.2　案例操作流程

本案例操作流程如图 5-65 所示。在时间线窗口中添加视频轨道，并利用效果控制窗口调整影片在画面中的位置和影片大小，最终制作出画中画效果，并输出影片。

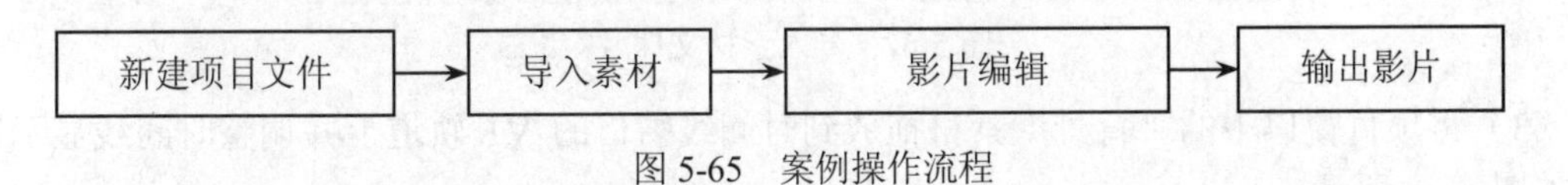

图 5-65　案例操作流程

5.3.3.3　案例操作步骤

（1）启动 Adobe Premiere Pro CC 2017 应用程序，单击“新建项目”按钮，将项目文件名称设为“画中画”，如图 5-66 所示。

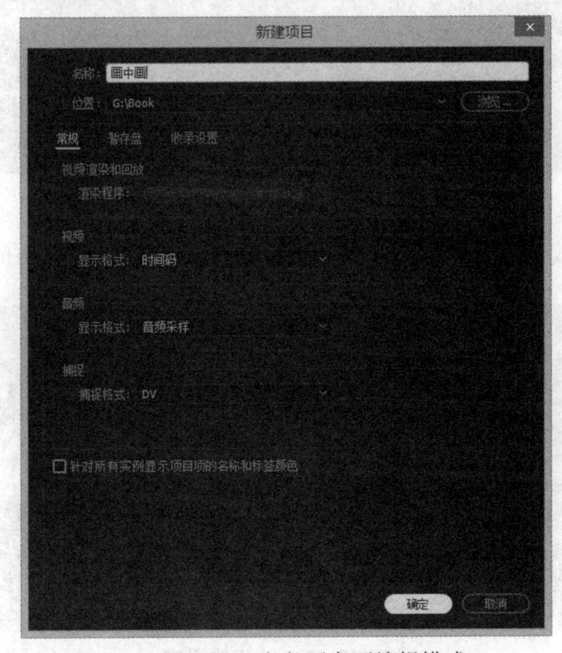

图 5-66　定义画中画编辑模式

（2）选择“文件”/“导入”菜单命令（或双击“素材采集”窗口），弹出“导入”对话框，打开素材文件的存放位置，选择导入素材的类型，选中编辑影片用到的素材，如图 5-67 所示。

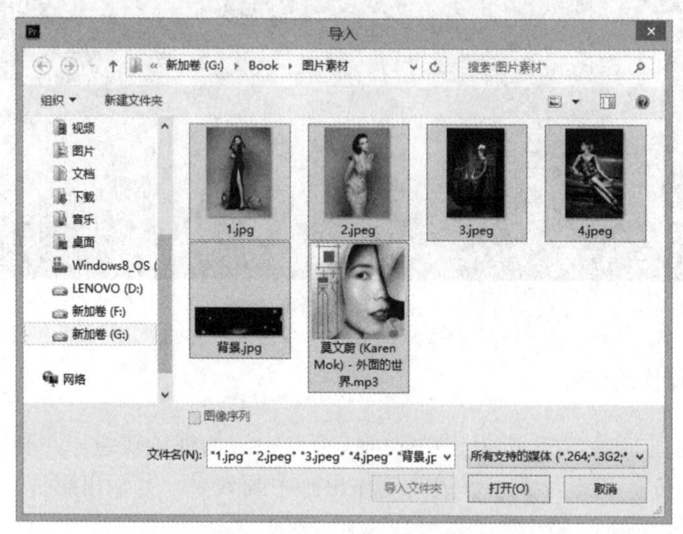

图 5-67　导入素材文件

（3）将项目窗口中的“背景”素材拖放到时间线窗口的 V1 轨道上并调整时间线显示比例，如图 5-68 所示。

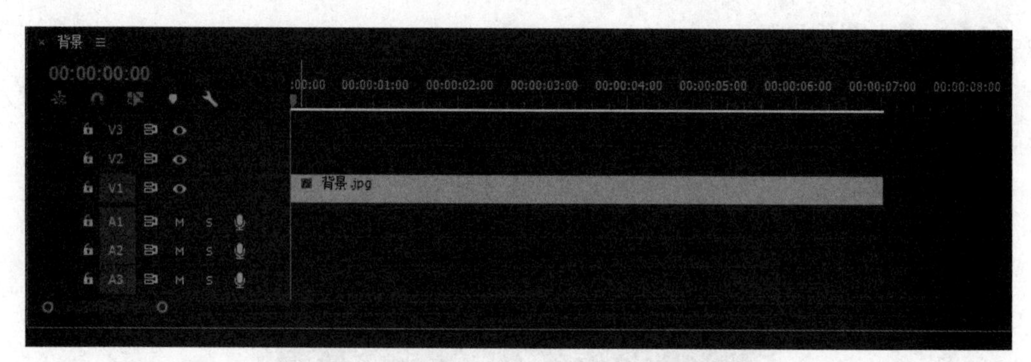

图 5-68　“背景”素材位置和时间线显示比例

（4）将素材 1 拖放到 V2 轨道上，利用选择工具调整素材播放时间，如图 5-69 所示。

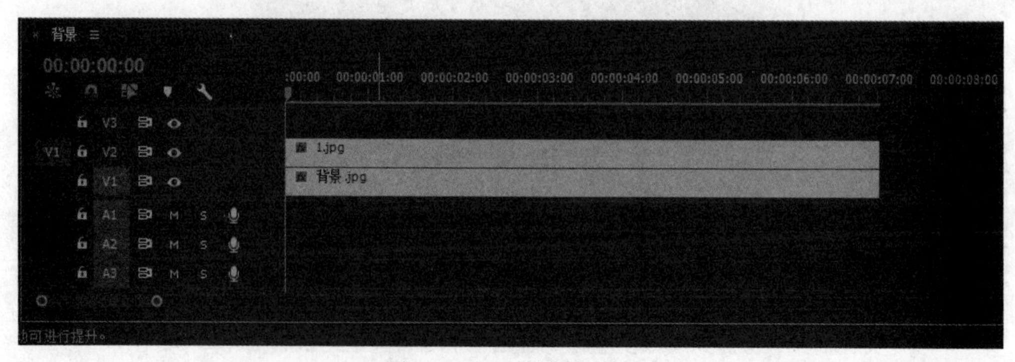

图 5-69　V2 轨道的素材

（5）打开“效果控件”选项卡，调整为适当显示比例，利用鼠标调整画面位置，如图5-70所示。

图5-70　V2轨道的画面设置参数及效果

（6）向V3轨道上拖放素材2，打开“效果控件”选项卡，调整为适当显示比例，利用鼠标调整画面位置，如图5-71所示。

图5-71　V3轨道的画面设置参数及效果

（7）此时视频轨道不够，在V3轨道上右击，选择“添加轨道”菜单命令，添加一个视频轨道，如图5-72所示。

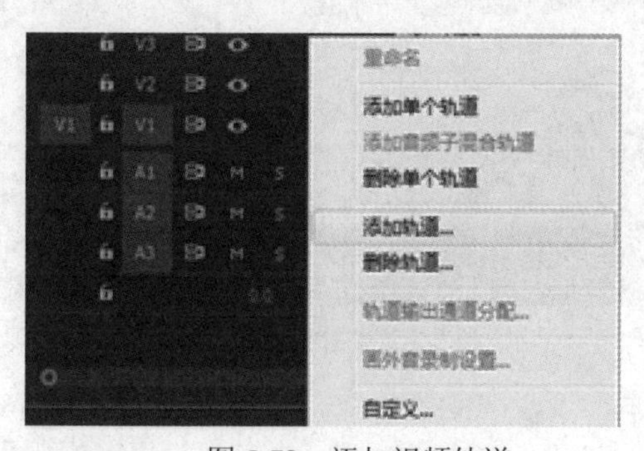

图5-72　添加视频轨道

（8）向V4轨道上拖放素材3，打开“效果控件”选项卡，调整为适当显示比例，利用鼠标调整画面位置，如图5-73所示。

图 5-73　V4 轨道的画面设置参数及效果

（9）添加轨道 V5，向 V5 轨道上拖放素材 4，打开“效果控件”选项卡，调整为适当显示比例，利用鼠标调整画面位置，如图 5-74 所示。

图 5-74　V5 轨道的画面设置参数及效果

（10）向 A1 轨道上拖放背景音乐文件，整个时间线中的轨道效果如图 5-75 所示。

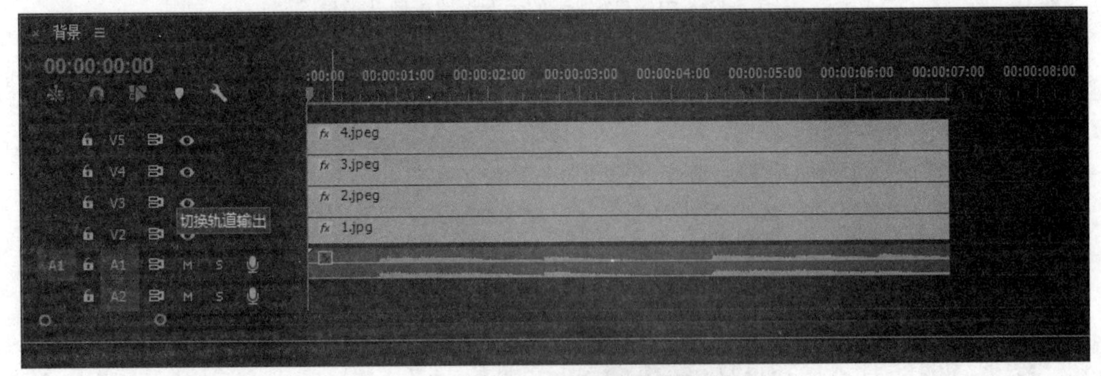

图 5-75　时间线中的轨道效果

（11）影片编辑完成后，选择“文件”/“导出”/“影片”菜单命令导出影片，如图 5-76 所示。

以上是画中画效果的制作过程，主要是对时间线的基本操作、工具栏工具的使用和效果控制窗口的综合应用。

图 5-76　输出影片进度窗口

5.3.4　拓展练习

1. 练习名称

不断变化的画中画。

2. 练习要求

（1）制作一个简单的字幕。

（2）利用时间线控制画面播出顺序。

（3）利用效果控制面板设定画中画的大小。

（4）利用关键帧设置画面透明度。

5.4　Adobe Premiere Pro CC 2017 的编辑和处理

5.4.1　教学目标

Adobe Premiere Pro CC 2017 有着很强的音频、视频编缉功能，通过剪辑工具可以对影片素材进行裁剪移动和变化位置，利用转场效果可以为音频、视频衔接的部分添加转场效果，Adobe Premiere Pro CC 2017 还提供滤镜功能为影片添加绚丽的效果。通过本节案例学习，读者能够熟悉 Adobe Premiere Pro CC 2017 的基本编辑和处理，在使用时可更加熟练，为日后更为复杂的操作打下基础。

5.4.2　教学内容

5.4.2.1　基本知识

扫码看视频

1. 编辑的加入

主要是利用“素材源监视器”窗口下面的工具将需要的影片素材添加到时间线的轨道上，

“素材源监视器”窗口如图 5-77 所示。

图 5-77　“素材源监视器”窗口

下面介绍“素材源监视器”窗口中工具的功能。

打点工具：在素材剪辑窗口中，最常用的工具就是出点和入点工具。调整入点和出点可以精确地选择内容素材，并且可以直接跳到入点和出点。

播放工具：用于播放素材文件，可以快进、快退、单帧播放等，以便精确选择出入点。

插入工具：剪辑好的素材可以采用插入或者覆盖两种方式添加到时间线上，单击任意一个图标，它就会自动增加到当前时间线音视频轨道指针所指的位置。插入的素材是在不改变时间线原素材的情况下，把新剪辑的素材插入进去，时间线上原有素材的长度不变。覆盖的素材是把时间线上当前指针所在的素材换成剪辑出来的新素材，并且可以单独向时间线添加音频或者视频。

2. 剪辑的编辑

可以将素材直接拖放到时间线上，利用工具面板中的剪辑工具对时间线上的素材进行剪辑编辑，通过“节目监视器”窗口观看影片效果，可以随时剪辑影片，对影片素材进行更为精细的编辑。

在剪辑影片的编辑过程中会遇到组合应用多个素材的情况，因此编辑序列文件就很重要，可以建立多个序列文件进行编辑并且可以将多个文件嵌套在一个序列里，如图 5-78 所示。

这样在影片剪辑时只要修改对应的序列添加转场效果和视频特效就可以剪辑出更为绚丽的影片效果。

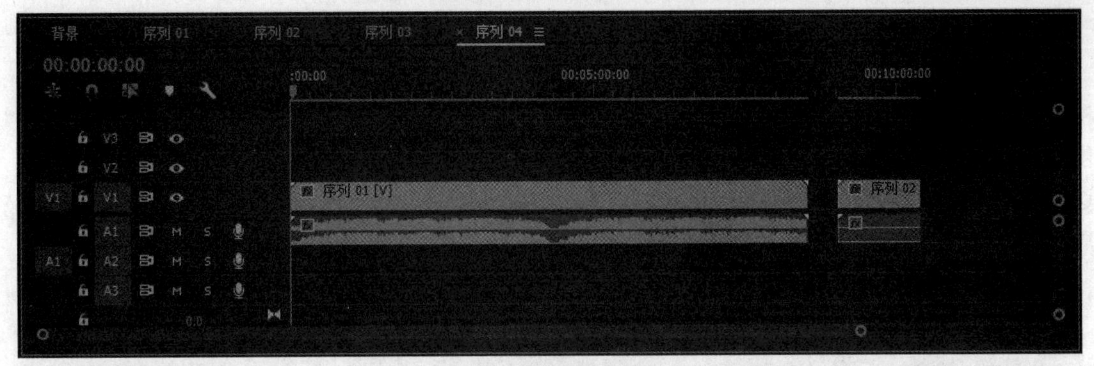

图 5-78　序列嵌套效果

3. 特效

Adobe Premiere Pro CC 2017 中提供了 75 种之多的视频过渡效果和 120 多种视频效果，按类别分别放在 17 个子文件夹中，方便用户按类别找到所需运用的效果。

（1）转场效果。

素材间的转场要求两个素材间有重叠的部分，否则就不会同时显示，这些重叠的部分就是前一个素材出点与后一个素材入点相接的部分，设定好两段素材的出点、入点，选择转场效果面板中的“翻页”效果拖放到两段素材中间，如图 5-79 所示。

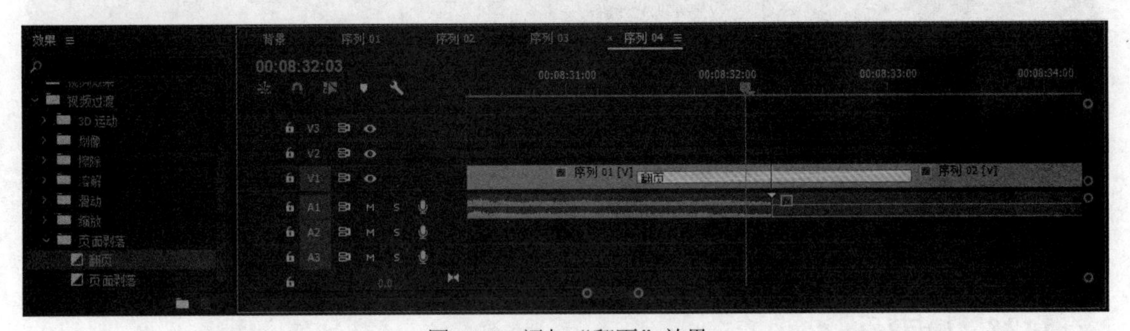

图 5-79　添加“翻页”效果

可以通过“效果控件”选项卡调整效果参数，如图 5-80 所示。

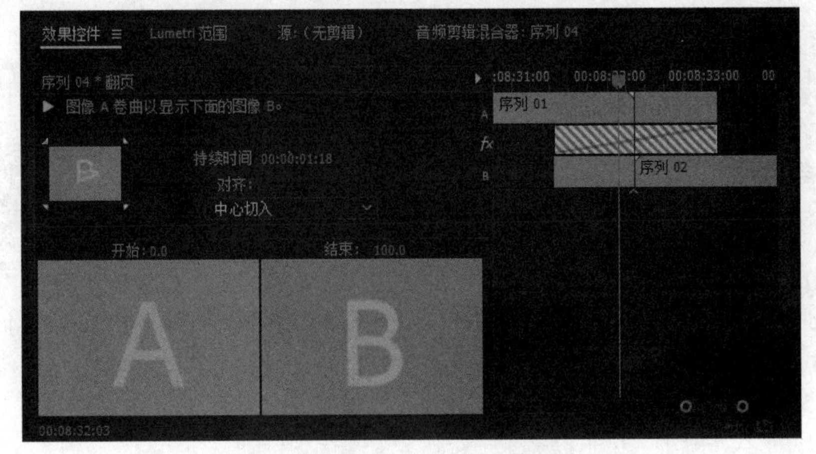

图 5-80　设置转场参数

（2）视频效果。

视频效果用于改变或者提高视频画面的效果，通过应用滤镜可以使图像产生模糊、变形、构造、变色以及其他的一些滤镜效果。可以自己创建滤镜并将其保存在滤镜效果文件夹中，以供用户以后使用，此外，用户还可以增加类似 Photoshop 标准格式的第三方插件，通常情况下，这些插件放置在 Adobe Premiere Pro CC 2017 中的 Plug-ins 目录中。通过调整“效果控件”选项卡来修改滤镜效果参数，如图 5-81 所示。

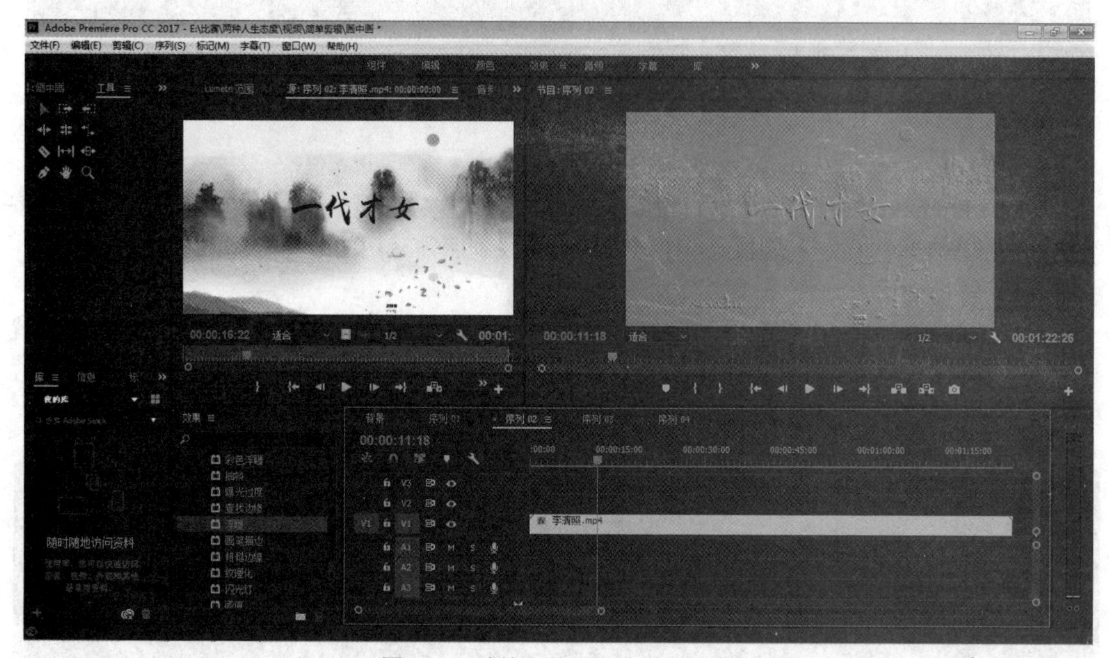

图 5-81　滤镜参数设置前后的效果

5.4.2.2　方法技巧

（1）直接在“效果”所包含的选项栏中输入要运用的切换效果名称，可以快速找到所需的效果。

（2）合理恰当地应用视频特效。

（3）利用“效果控件”选项卡对视频特效进行设置。

5.4.3　教学案例

扫码看视频

5.4.3.1　案例效果

在影视画面剪辑过程中没有太多的限制，可以自由发挥，但是有一些准则不能违背。通过影片剪辑可以进行不同镜头的切换，以设置不同的华丽转场效果，增添变化的画面滤镜，案例效果如图 5-82 所示。

图 5-82　案例效果

5.4.3.2　案例操作流程

本案例操作流程如图 5-83 所示。

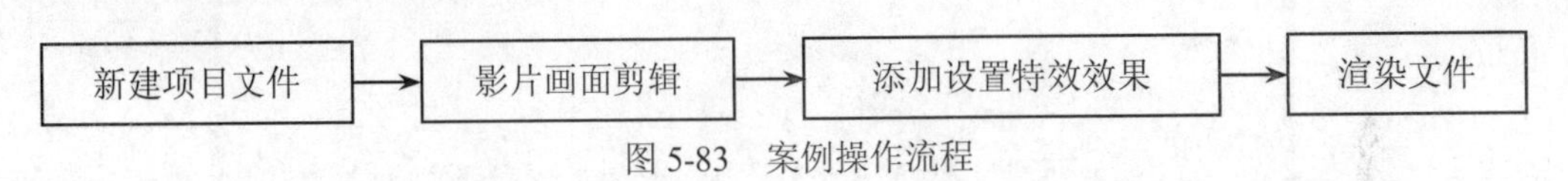

图 5-83　案例操作流程

利用影片剪辑工具对影片画面进行剪辑，利用视频切换效果面板为影片画面添加转场特效，对“效果控件”选项卡参数进行调整，应用视频滤镜和设定关键帧的不同参数达到最终效果。

5.4.3.3　案例操作步骤

（1）启动 Adobe Premiere Pro CC 2017 应用程序，单击“新建项目”按钮，设置项目文件名称为“特效滤镜”和项目文件存储位置，然后在“文件”菜单中，选择“新建”/“序列”命令，打开“新建序列”对话框，选择“DV-PAL”/“标准 48kHz”，如图 5-84 所示。

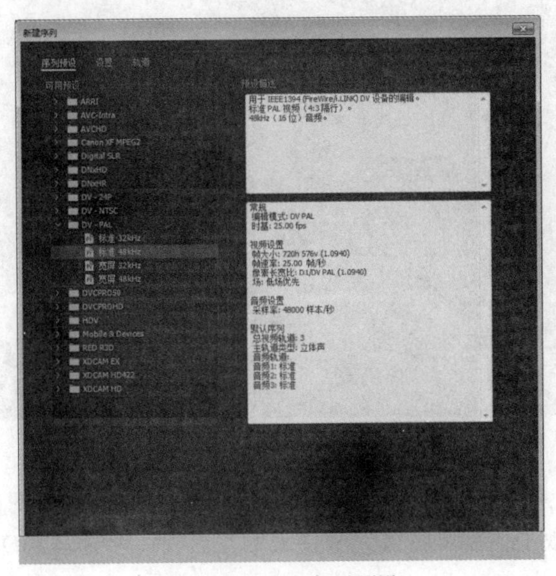

图 5-84　设置序列预设

（2）选择“文件”/“导入”菜单命令（或打开“项目：特效滤镜”窗口），弹出“导入”对话框，选择导入素材类型，打开素材文件的存放位置，选中编辑影片用到的素材，单击“打开”按钮，将素材导入到项目文件中备用，如图 5-85 所示。

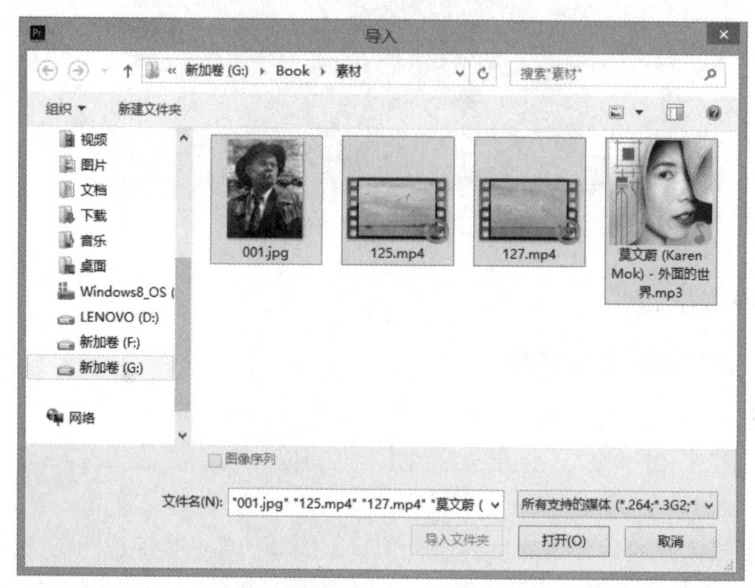

图 5-85 导入素材文件

（3）将 125 和 127 素材拖放到 V1 轨道上，并选择“交叉划像”选项作为转场效果，通过“效果控件”选项卡设置相应参数，如图 5-86 所示。

图 5-86 转场效果参数设置

（4）向 V2 轨道上拖放 001 素材，利用选择工具调整素材播放时间，如图 5-87 所示。

（5）打开效果面板中“视频特效”文件夹的“透视”\“基本 3D”特效文件，如图 5-88 所示。

图 5-87　调整素材播放时间

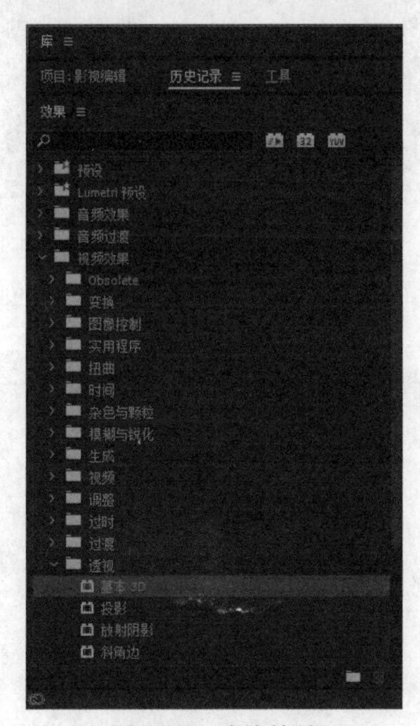

图 5-88　滤镜特效

（6）将“基本 3D”特效拖放到 001 素材上，在“效果控件”选项卡中设定相应参数，如图 5-89 所示。

图 5-89　“基本 3D”特效的参数设定

（7）根据编辑需要继续添加其他素材文件并进行特效剪辑。

（8）编辑完成后选择“序列”/“渲染工作区”菜单命令，渲染影片，如图 5-90 所示。

图 5-90　影片渲染过程

（9）渲染完成后双击文件，通过视频播放器便可观看，如图 5-91 所示。

图 5-91　观看影片

根据在日常影片中应用用途的不同，可以按影片播出要求自行导出影片格式。

5.4.4　拓展练习

1. 练习名称

添加视频转场特效和色彩校正特效。

2. 练习要求

（1）添加转场效果。

（2）利用滤镜添加视频特效。

（3）利用色彩校正滤镜调整播出色彩。

第 6 章　电子杂志的制作

6.1　电子杂志简介

6.1.1　教学目标

通过本节的学习，读者能够熟悉 iebook 超级精灵的工作界面，了解其主要功能，熟悉其操作的工作环境，为后续学习打下基础。

6.1.2　教学内容

6.1.2.1　基本知识

1. iebook 超级精灵的主要功能

iebook 超级精灵是基于标准 Windows 环境开发的，是一款操作简单的电子杂志制作软件。其主要功能如下：

（1）用户可以根据自己的需要自定义杂志制作尺寸大小，根据需求任意更改尺寸，适合版面创意效果。

（2）它具有多语言功能，可以实现多语言一键切换、设置多语言、自由切换语言、自由创建多语言等效果。

（3）它支持完善的预加载功能，能够智能调整加载的优先级，并能够自主设置加载的线程数量。

（4）它提供了多款精彩的模板便于直接替换页面内容和修改属性。

（5）它开创了视频录制和 AVI/ASF 转换功能，播放更流畅。

（6）它也可以自定义杂志片头动画，模板选择、自定义片头效果，通过添加 Flash 页面和图片页面来制作完全个性化的杂志页面。

（7）它提供的超级模板破解编译器可以实现图片任意调色、字体任意设置、音乐随意调整等效果，可以进一步丰富杂志页面。

（8）它提供生成杂志功能，可以直接生成 exe 格式的电子杂志文件，无需其他平台或插件支持就能直接打开观看。

（9）它还提供全新在线发布功能，可以将制作的杂志发布到网上，在线观看。

（10）它独创商务互动界面，包括搜索、留言、推荐、即时通信、书签、打印、设置、统计等，真正实现网络互动、商机互动。

2. iebook 超级精灵的启动和退出

开机进入 Windows 系统后，单击任务栏中的“开始”按钮，在弹出的“开始”菜单中，将鼠标指针移动到“程序”/iebook/“iebook 超级精灵”菜单命令上，单击即可启动 iebook 超级精灵。还有更多的启动 iebook 超级精灵的方法，如双击桌面快捷方式，在自定义安装路径 iebook 超级精灵下双击 spirit.exe。

如果要退出 iebook 超级精灵，直接单击 iebook 超级精灵应用程序窗口右上角的“关闭”按钮，这时 iebook 超级精灵停止运行并退出。在退出之前，如果有已修改但未存盘的文件，系统会提示保存它。

3. iebook 超级精灵的窗口组成

iebook 超级精灵应用程序窗口由标题栏、菜单栏、工具栏、项目栏、显示栏、编辑栏和状态栏组成，如图 6-1 所示。

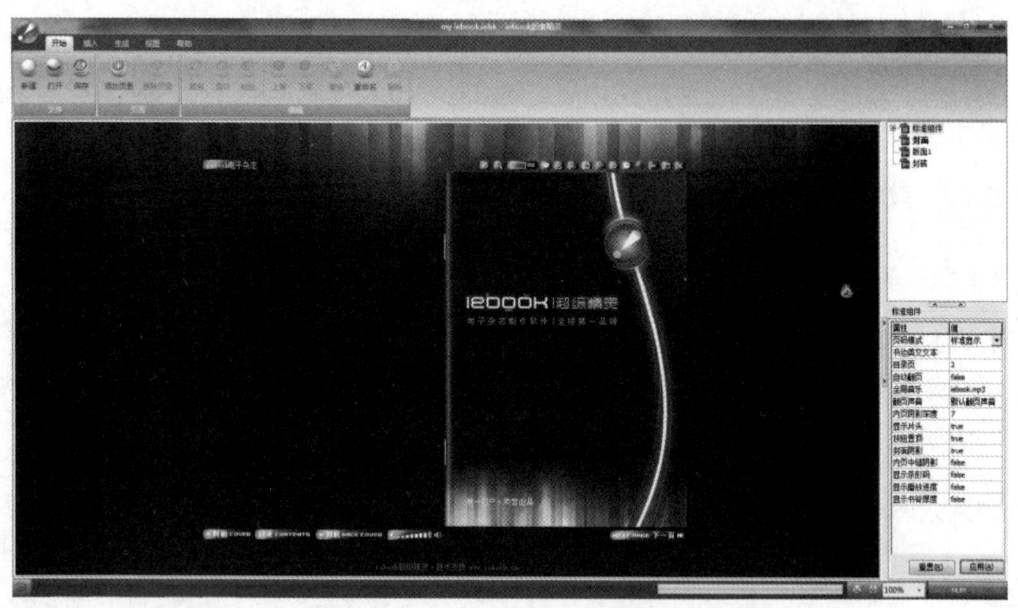

图 6-1　iebook 超级精灵应用程序窗口

6.1.2.2　方法技巧

在项目栏中以目录的形式组织组件，选中组件后在编辑栏中替换内容、修改属性，在显示栏可以预览即时效果。

6.2　电子杂志的编辑

6.2.1　教学目标

iebook 超级精灵电子杂志制作软件通过“新建杂志”命令来制作杂志，通过“添加页面”命令来添加杂志内容页。在编辑栏可以对杂志的项目组件进行具体编辑，如添加音频、动画效果等。通过“生成杂志”命令将编辑制作的杂志生成 exe 格式的文件，可以直接执行观看。

通过本节的学习，读者能够使用 iebook 超级精灵软件，熟悉新建杂志、添加页面、编辑页面组件、添加音频文件和动画效果，并最终生成杂志文件。

6.2.2 教学内容

扫码看视频

6.2.2.1 基本知识

1. 新建杂志

（1）新建杂志。

选择“文件”/“新建杂志”命令，在“新建杂志”对话框的列表中，选择一个杂志模板“标准组件 750×550px”后单击“确定”按钮，如图 6-2 所示。

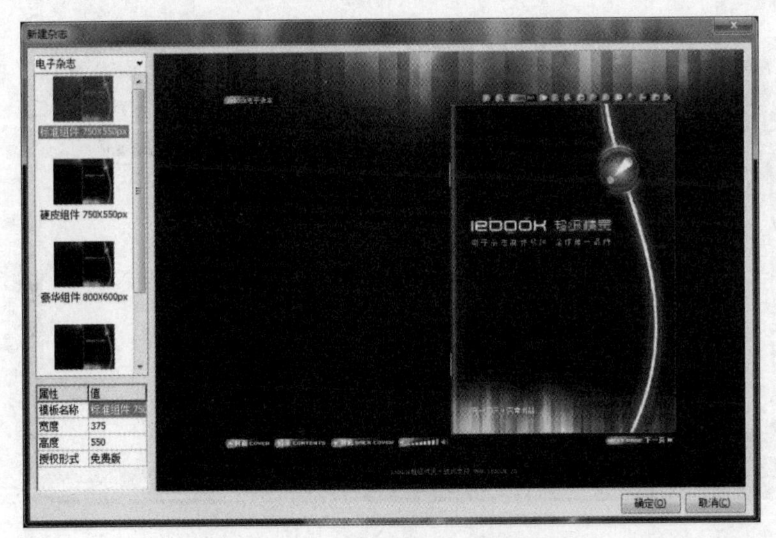

图 6-2 “新建杂志”对话框

需要提示的是：为了避免文件丢失，在进入电子杂志页面后保存文件并选择路径，文件格式默认为 iebk，如图 6-3 所示。

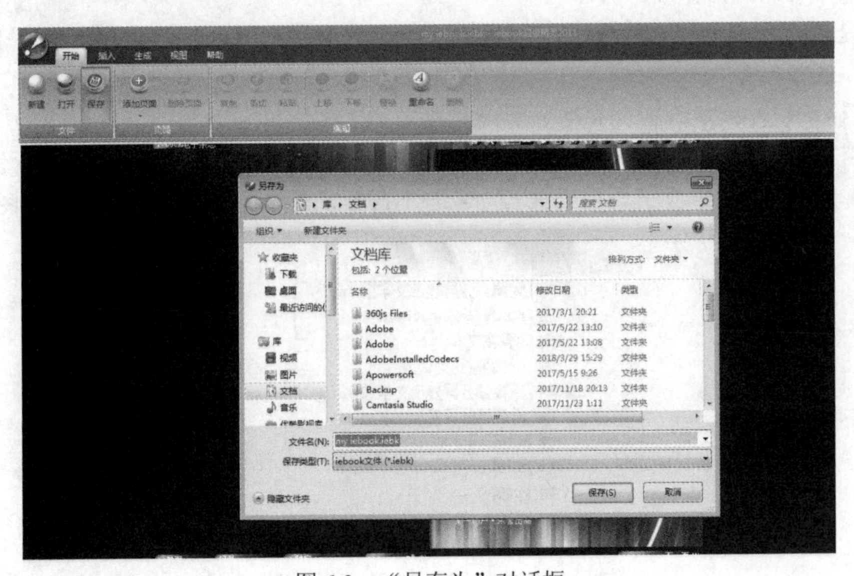

图 6-3 “另存为”对话框

（2）导入音乐。

音频插入设置包括两部分内容：

一部分是改变全局音乐。选择标准组件，选择编辑栏“全局音乐”右侧下拉列表框中的“添加音乐文件”选项，单击“添加”按钮，在“打开”对话框中选择音乐文件的位置，选中音乐文件后，单击“打开”按钮，在“音频设置”对话框中单击“确定”按钮，音乐名称显示已选择的音乐文件名称，可以导入 mp3、wma、wav 格式的音频文件，如图 6-4 所示。

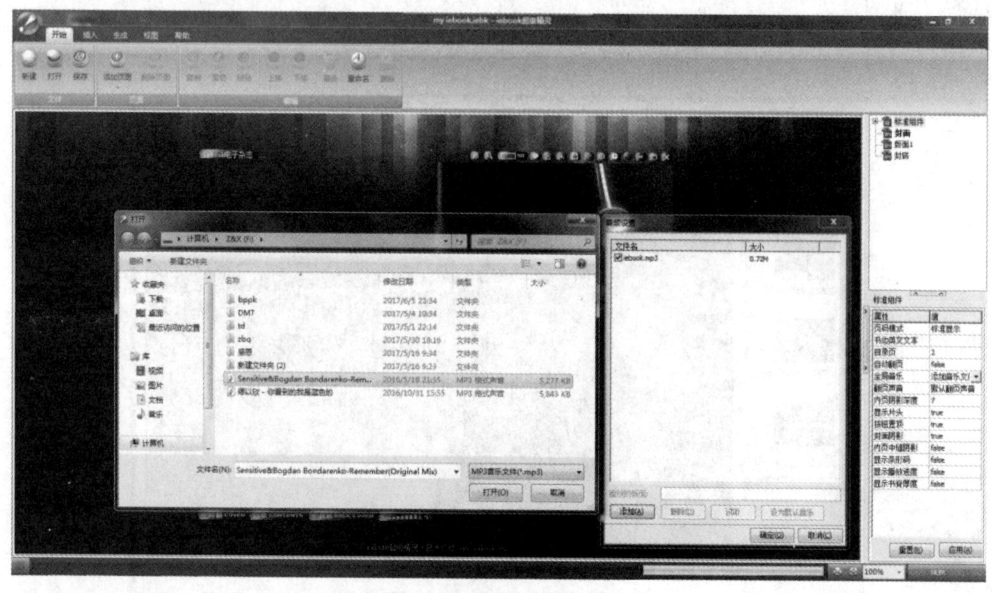

图 6-4　导入音乐设置

另一部分是改变选择版面的背景音乐。选择杂志模板项目，单击编辑栏“全局音乐”右侧下拉列表框右侧的下三角按钮，在打开的下拉列表框中选择已导入的音乐文件名称。若没有所需的音频，可如上操作导入音乐。

需要提示的是：音频文件属于音频素材，可将其保存在所建立的素材文件夹中，以便后续的更改。

（3）显示组件。

在项目栏选中“杂志模板”选项，单击左侧的“+”按钮，呈展开状态时显示包含的所有组件。默认为全部，在生成杂志后全部显示；若不需要，直接按 Delete 键删除，如图 6-5 所示。

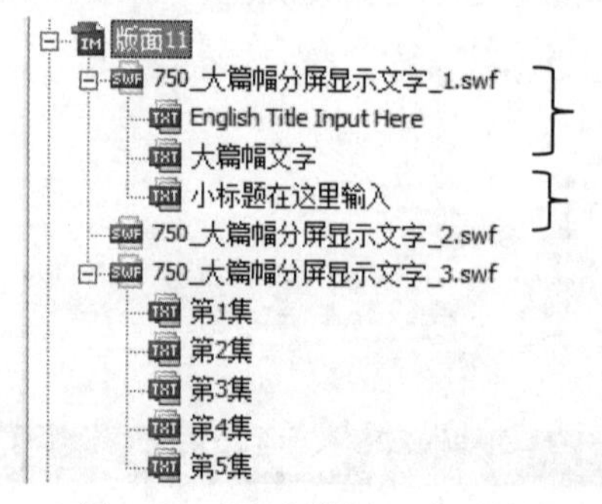

图 6-5　“杂志模板”选项栏的设置

（4）更改图片。

可更改的图片包括背景、封面和封底图片。选中项目组件后在编辑栏中“页面背景”右侧的下拉列表框中，可选择“无背景”“使用背景文件”或“纯色背景”，其中更常用的更改图片选项是“使用背景文件”，然后单击“背景值”后的“…”按钮，接着在“打开”对话框中选择所需图片，即可更改图片，如图 6-6 所示。

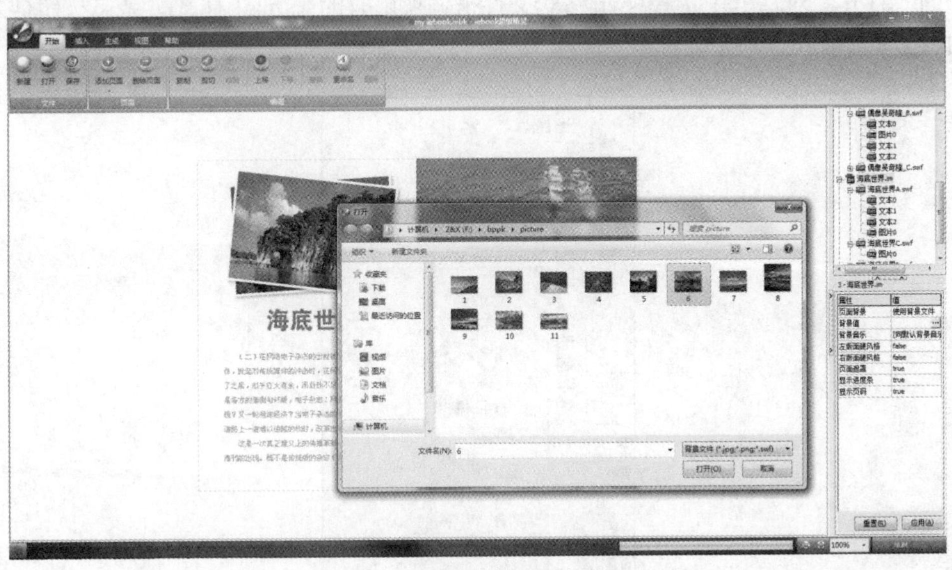

图 6-6　图片组件编辑栏设置

如果打开的图片大小与目标大小不符，则出现一个虚线框，单击上方“应用”按钮是直接默认裁剪。将鼠标指针移动到选择框四角的控制点，拖拽改变选择范围大小，将鼠标移动到选择框内部，拖拽改变选择框的位置，然后单击“应用”按钮。还可以通过工具栏翻转图片对图片进行顺时针、逆时针、亮度等的调整以及一些图片滤镜的运用，如图 6-7 所示。

图 6-7　裁剪图片对话框

需要提示的是：如果“选择框”区域小于“输出大小”，此时会影响图像质量。如果“输入大小”小于“输出大小”，只能从原图入手修改图片大小。所以在素材选用时最好在替换图片前将图片的尺寸处理为合适的大小。

（5）替换 Flash 文件。

选中选项栏的组件，右击，在弹出的快捷菜单中选择“替换”命令，如图 6-8 所示，然后在打开的“打开”对话框中选择 swf 格式文件来替换已有的 E-mail 样式、杂志按钮样式和杂志封面特效，如图 6-9 所示。

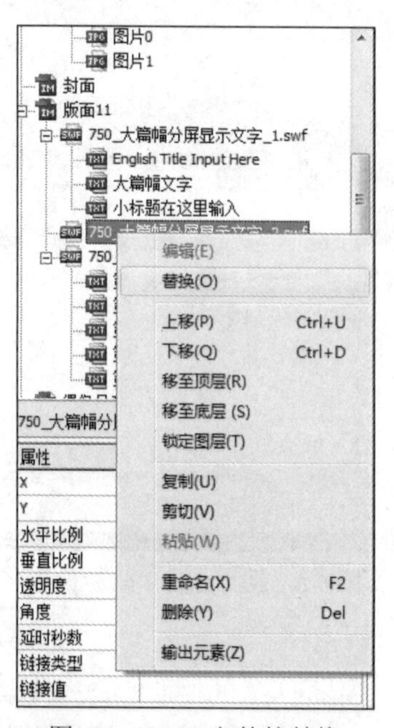

图 6-8 Flash 文件的替换

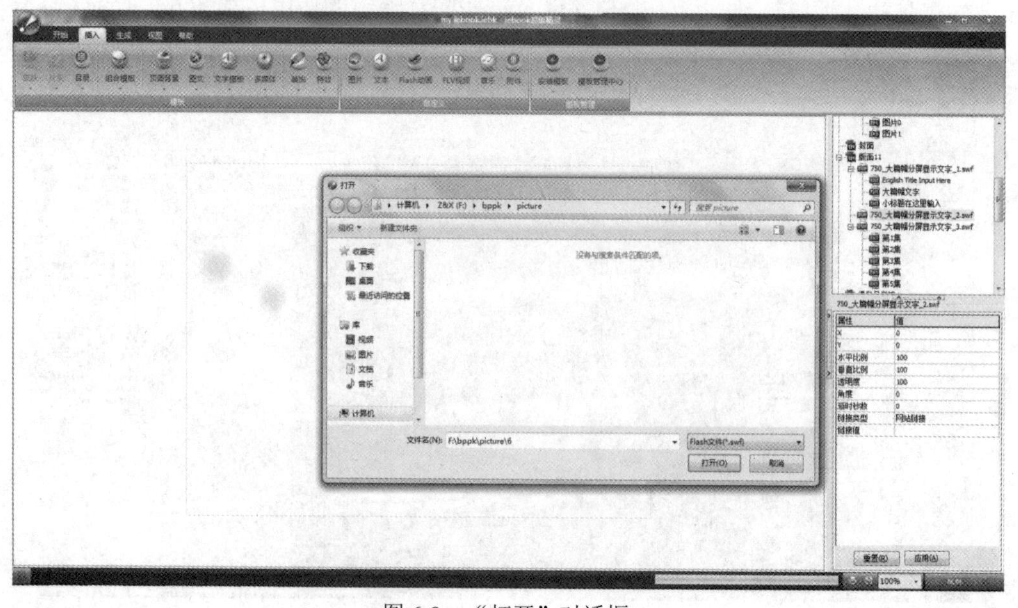

图 6-9 “打开”对话框

2. 添加模板页面

（1）下载模板。

单击任务栏中的“开始”按钮，在弹出的“开始”菜单中，选择“程序”/iebook/“访问iebook官方网站”菜单命令，打开模板素材下载网页，在模板分类列表中选择所需模板类型，单击“下载”按钮，并保存，如图6-10所示。

图6-10 模板素材下载网页

（2）导入模板。

以导入组合模板为例，选择“插入”选项卡中“组合模板”下拉列表中的“快速导入”命令，如图6-11所示。

图6-11 “组合模板”下拉列表框中的“快速导入”命令

打开“打开”对话框，选择“模板”选项卡，并在名称列表中选中页面模板，单击“打开”按钮，显示模板导入成功，如图 6-12 所示。在“组合模板”下拉列表中便可以找到导入的模板，如图 6-13 所示。

图 6-12　“确认”对话框

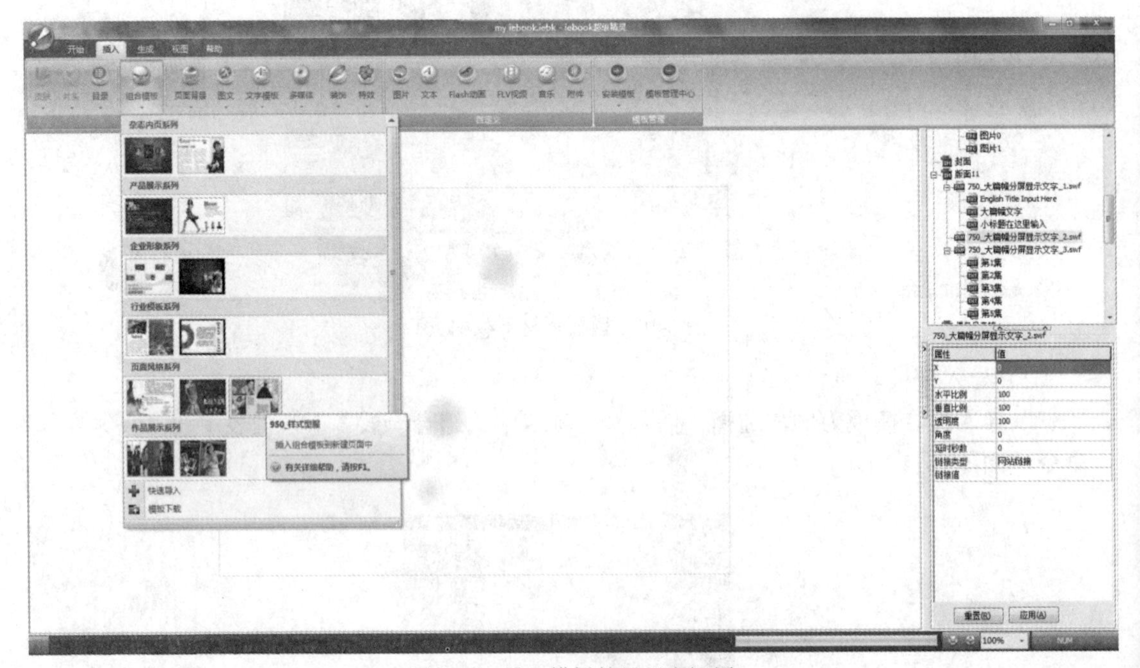

图 6-13　导入模板的显示和运用

（3）模板页面设置。

1）背景音乐设置。选中选项栏中的图文模板，在编辑栏“背景音乐”默认为“同默认背景音乐”选项，可以先单击“背景音乐”右侧的下三角按钮，选择其下拉列表框中“添加音乐文件”选项，如图 6-14 所示。打开“音频设置”对话框，单击“添加”按钮选择导入的音乐，如图 6-15 所示。

2）页面特效设置。单击“导入特效”按钮，可选中要添加的 swf 格式或 efc 格式文件，单击“页面特效”右侧的下三角按钮，在其下拉列表框中选择需要的页面特效。

3）页面背景设置。单击“背景颜色”右侧的下三角按钮，在其下拉列表框中选择合适的背景色。

图 6-14　选择“添加音乐文件”选项

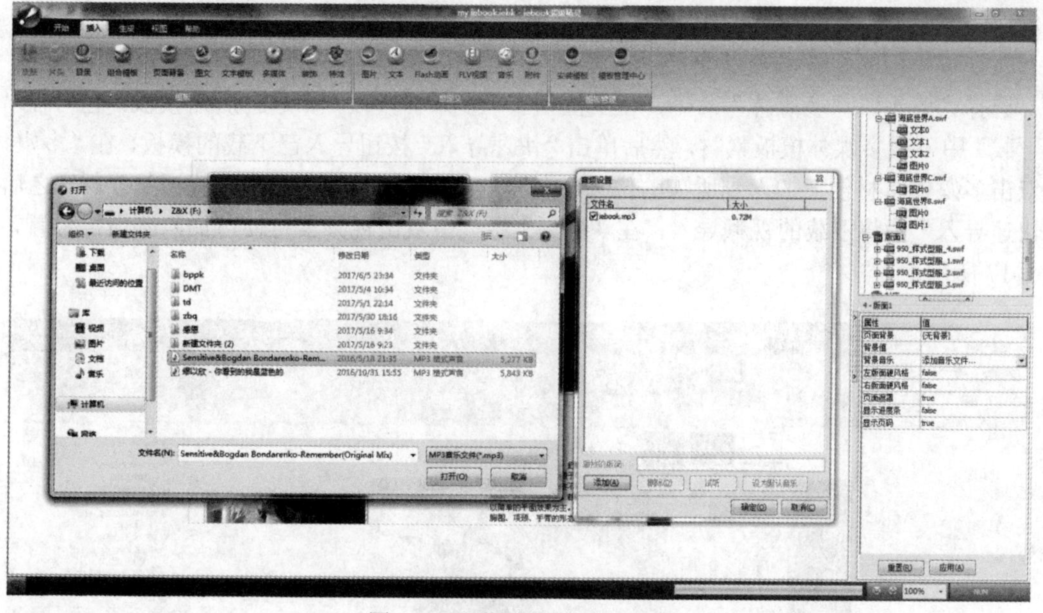

图 6-15　添加背景音乐对话框

（4）图文设置。

在图片模板或图文展示模板的组件中可以设置图片或文字。

1）更改图片。选择图片组件，在编辑栏中双击该组件，单击工具栏中“更改图片”按钮，打开“打开”对话框，选择图片，单击“打开”按钮后完成更改。

2）更改文字。选中项目栏中需更改的文字组件，在编辑栏中双击该文字组件，可直接更改文字，并可以对该段文字背景颜色和文字的颜色、大小以及对齐方式等进行更改，如图 6-16 所示。

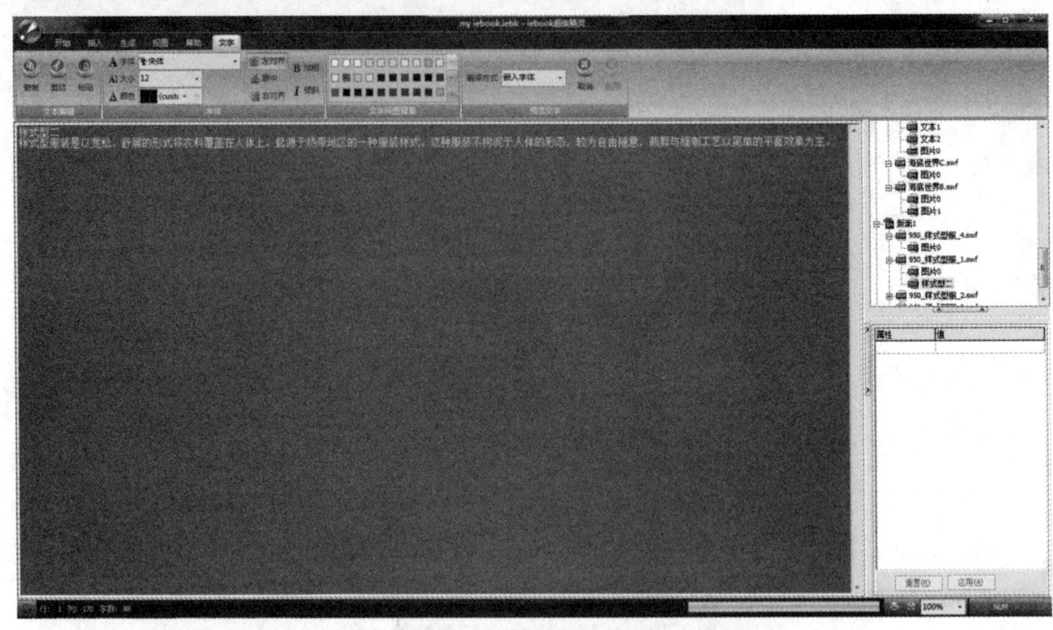

图 6-16　文字编辑栏设置

（5）视频导入。

在视频模板的组件中可以导入视频。

选择“插入”/“多媒体”命令，在下拉列表“多媒体模板”中选择所需模板，也可在“模板下载”中下载多媒体模板素材，然后单击“快速导入”按钮导入已下载的模板，在“多媒体”中双击多媒体素材便可加入到所需的位置。同理也可在“模板下载”中下载视频素材，之后在“快速导入”中将下载的视频导入，在“视频模板”中双击视频素材便可加入到所需位置，如图 6-17 所示。

图 6-17　导入视频对话框

3. 编辑页面

选择项目栏中的页面，利用“编辑”菜单的命令可以将选中的页面进行上移、下移、重命名和删除操作，如图6-18所示。

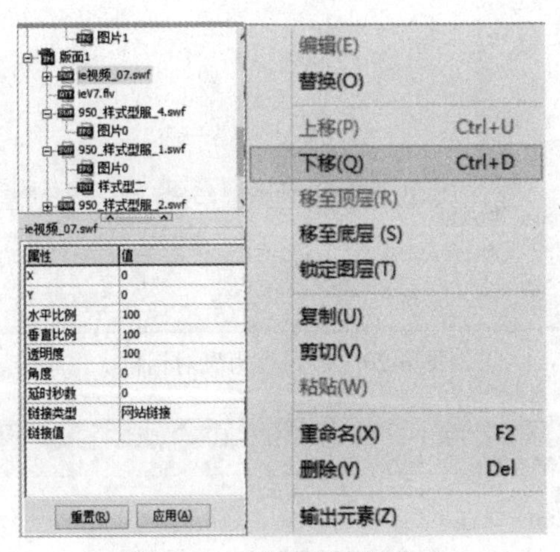

图6-18　“编辑”菜单命令

4. 预览方式

选择“生成”选项卡，在选项卡中单击“预览当前作品”按钮，可以预览当前完成的作品，如图6-19所示。

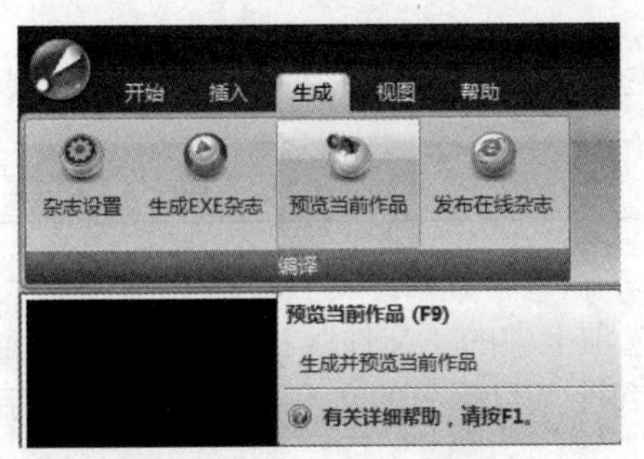

图6-19　“生成”选项卡

5. 保存

选择“文件”/“保存”命令，打开“另存为”对话框，选择保存位置，将制作完成的杂志项目文件保存成iebk格式，即电子杂志的源文件，在安装有iebook超级精灵软件的计算机中可以直接打开进行编辑，如图6-20所示。

6. 杂志生成设置

选择“生成”/“生成设置”命令，打开“生成设置”对话框。

（1）在“杂志选项”选项卡中，单击“保存路径”右侧的“保存为”按钮可以设置生成文件的保存位置，默认保存路径是C:\Program Files\iebook\release\iebook.exe。单击“图标文件”右侧的“浏览”按钮可以选择已做好的ico格式的图标文件。可以查看窗口大小，默认为800×600px；设置鼠标感应区域占页面大小的比例为0.1；可以对此成品进行安全设置，设置打开密码，如图6-21所示。

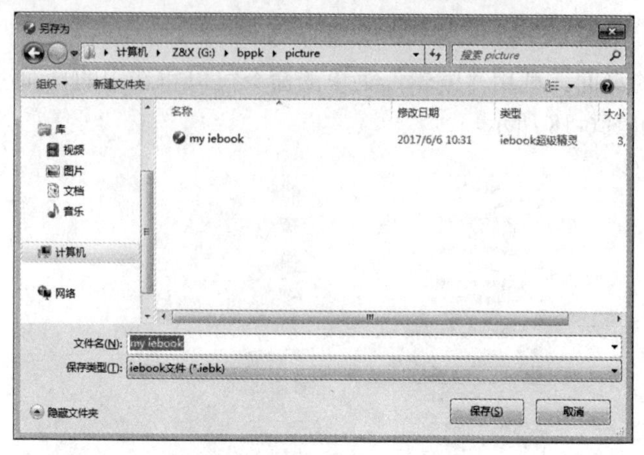

图 6-20 “另存为”对话框

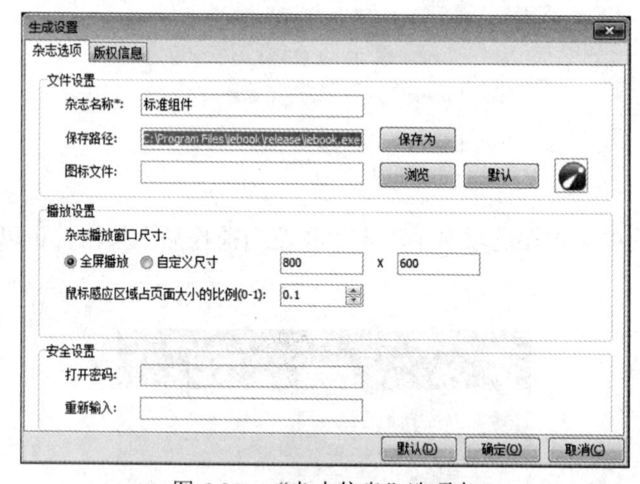

图 6-21 “杂志信息”选项卡

（2）在“版权信息”选项卡中的“文件版权”选项组中，输入设置“产品名称”“公司名称”“版权”和“描述”，每个项目输入的文字不能多于 64 个字符，如图 6-22 所示。

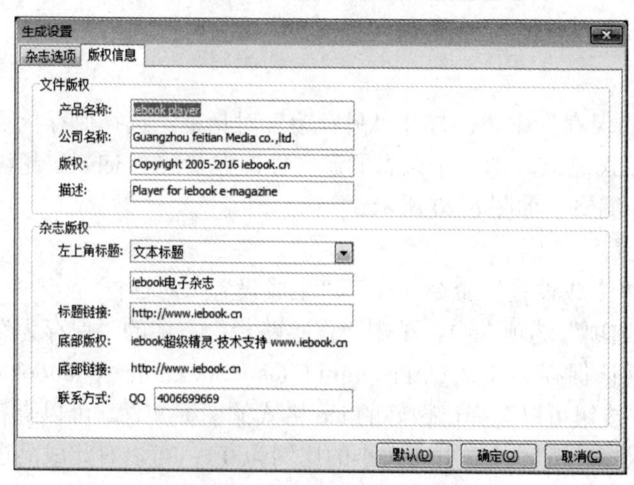

图 6-22 “文件版权”选项组

在“杂志版权”选项组中可以单击“左上角标题”右侧的框。当选择“文本标题”选项时，可以更改“iebook 电子杂志”；当选择“PNG 图片 LOGO”选项时，单击“...”按钮，在“打开”对话框中选择已做好的 LOGO 文件，建议 LOGO 文件大小为 110×25 像素，文件格式为 png 或 jpg，如图 6-23 所示。同时也可更改“标题链接”选项对应内容。

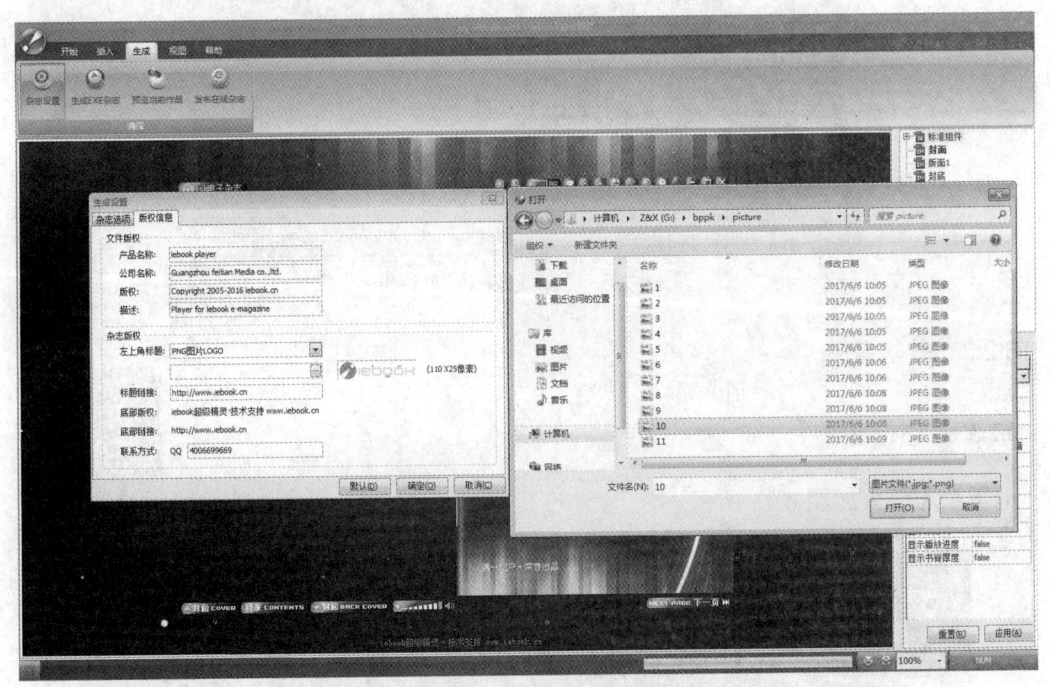

图 6-23　“杂志版权”选项组

7. 杂志生成

（1）预览杂志。选择“生成”/“预览当前作品”命令，或按 F9 键，可以直接预览生成后杂志的整体效果。

（2）生成杂志。选择“生成”/“生成 EXE 杂志”命令，或按 F8 键，将生成的杂志按“生成设置”对话框中“杂志选项”选项组中生成文件的设置位置进行保存，生成可直接执行 exe 格式的文件。

（3）发布杂志。选择“生成”/“发布在线杂志”命令，打开“在线发布”对话框，选择发布类型和网络，如图 6-24 所示。单击“下一步”按钮，选择“上传类别”“登录号”和“登录密码”，再单击“下一步”按钮，填写“联系方式”，待显示“发布完成”提示框后记下“MD5 码”。通过以上操作可以将杂志发布到网上。

6.2.2.2　方法技巧

（1）利用杂志模板和页面模板，可以通过替换图片、视频文件，更新文字内容，设置属性等方式实现内容的替换和设置，操作简单便捷，效果丰富多样。

（2）从 iebook 素材网页搜索并下载模板，然后将其快速导入，可以极大地丰富杂志效果。

（4）从 iebook 素材网页搜索并下载模板，然后将其快速导入，可以进一步美化杂志效果。

（5）利用目录模板，可以轻松地制作目录。

图 6-24　“在线发布”对话框

6.2.3　教学案例

6.2.3.1　案例效果

扫码看视频

电子杂志效果如图 6-25 所示。

图 6-25　案例效果

6.2.3.2　案例操作流程

本案例操作流程如图 6-26 所示。

整体规划与素材准备 → 新建/编辑杂志 → 添加/编辑模板页面 → 添加图片/Flash 页面 → 生成杂志

图 6-26　案例操作流程

通过“整体规划与素材准备”确定杂志的主题，进行封面、封底、内容页的整体规划，并围绕主题搜集素材，下载杂志的页面模板。“新建/编辑杂志”是选择杂志模板后，添加背景音乐，对模板中的对象进一步编辑设置，将已制作好的封面、封底图片替换模板中的图片并设置相关属性。“添加/编辑模板页面”是添加目录、图文、文字、多媒体等模板页面，根据杂志的主题内容更改模板中的文字内容、图片和视频，适当地添加页面特效和图片特效。“添加图片/ Flash 页面”将已制作好的图片、Flash 直接添加作为杂志的内容页。“生成杂志”对制作完成的杂志进行预览，再次修改，通过生成设置对生成文件的路径、名称、版权信息等进行设置，最终生成可直接执行的.exe 格式的电子杂志。

6.2.3.3 案例操作步骤

1. 整体规划与素材准备

（1）确定主题为“一带一路”倡议，以介绍 2017“一带一路”国际合作高峰论坛为主要内容。在结构组织上分为五大部分，分别是：推进战略对接，密切政策沟通；深化项目合作，促进设施联通；扩大产业投资，实现贸易畅通；加强金融合作，促进资金融通；增强民生投入，深化民心相通。

（2）确定内容为中国馆和其他国家展馆两大部分，本案例中将其他国家展馆作为读者可扩充和发挥部分，将中国馆作为主要部分，从“中国馆”到“中国其他地区展馆”，最后再次回归到“我看中国馆”。最后部分附展区地图和各展区中的标志馆。

值得说明的是：杂志的吸引力和受关注程度不依赖于技术，主要还在于杂志的主题和内容，技术只起到基础支持和锦上添花的作用。这里只以介绍技术为主，让读者会使用技术制作杂志，所以在杂志内容的体现上比较乏力，希望谅解。本例更希望能够抛砖引玉，引发广大读者对电子杂志的制作兴趣，从自己的擅长和关注出发做出内容丰富的作品。

1）准备图像素材。在世博官网和百度图库中搜集展馆图片，并用 Photoshop 软件进行编辑合成，修改图片的大小。利用百度地图搜索，将展馆的地图制作成图片内容页。其中杂志封面、封底大小根据选择杂志模板（X-Plus 硬书脊风格）的目标大小为 403×550px，杂志内页页面大小为 750×550px。

2）准备文字素材。在世博官网中搜集展馆主题和概括的介绍。

3）准备杂志页面模板。从网上下载杂志模板——榕树下的故事.tpf 和仿湖南电视台 2.tpf，分别准备用在杂志的图文和视频展示页面。

2. 新建/编辑杂志

（1）新建杂志。选择“文件”/“新建杂志”命令，或按 Ctrl+N 组合键，或单击工具栏的“新建”按钮。打开“新建杂志”对话框，选择“标准组件 750×550px”，单击“确定”按钮。

（2）设置全局音乐。选中项目栏的“标准组件”项目，在编辑栏中单击“全局音乐”右侧的下三角按钮，在其下拉列表框选择“添加背景音乐”选项，弹出“音频设置”对话框，单击“添加”按钮。在打开的对话框中，选择“Sack Cells - 一带一路.mp3”文件。在“全局音乐”下拉列表框中选择“Sack Cells - 一带一路.mp3”选项，如图 6-27 所示。

图 6-27　在杂志模板编辑栏设置背景音乐

（3）更改封面、封底图片。在项目栏中单击杂志模板前的“+”按钮，打开标准组件，选中“封面”选项，在编辑栏单击“页面背景”右侧的下三角按钮，在其下拉列表框中选择“使用背景文件”选项，单击“背景值”右侧的“…”按钮，在“图片”选项卡的“图片文件”选项组中单击“更改图片”按钮，然后在“打开”对话框中选择“一带一路”文件夹下提前制作好的“封面.jpg”文件，单击“打开”按钮完成更改，如图 6-28 所示。

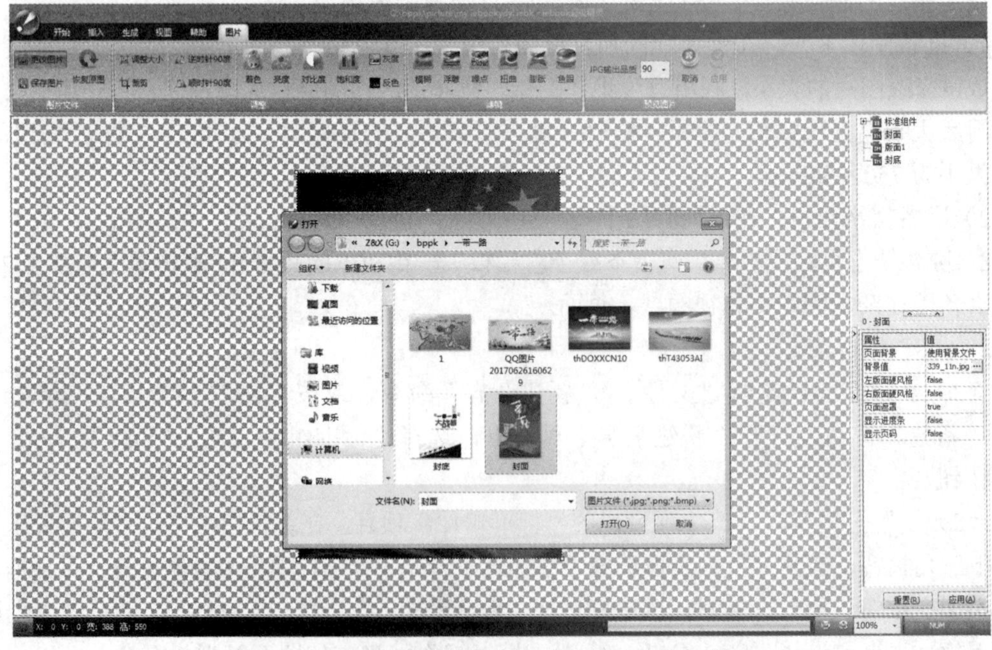

图 6-28　在封面图片组件编辑栏设置替换图片和特效

在项目栏选中“封底”选项，重复同样的操作，更改封底图片，如图 6-29 所示。

图 6-29　封底效果

（4）添加图片特效。选中项目栏的“封面”选项，在“图片”选项卡的“调整”选项组中选择“着色”特效，完成封面图片效果的添加。

（5）设置代码变量。在项目栏选中 Zine_title 组件，在编辑栏设置变量处输入 See Expo Vol.1 设置杂志刊号；选中 Zine_data 组件，在编辑栏设置变量处输入 2010/9/15，设置杂志日期；选中 url 组件，在编辑栏设置变量处输入 http://www.expo2010.cn/，设置链接；选中 url3 组件，在编辑栏设置变量处输入 http://www.moderncollege.com/，设置杂志链接；选中 form_title 组件，在编辑栏设置变量处输入“看世博 Vol.1”，设置标题信息；选中 fullscreen 组件，在编辑栏设置变量处输入 true，设置杂志打开时全屏显示。

（6）在项目栏取消勾选 frontinfo.swf，打开杂志后不显示杂志封面的动画特效。

6.2.4　拓展练习

1. 练习名称

自选主题制作一份电子杂志。

2. 练习要求

（1）杂志封面设计突出杂志的主题内容。

（2）内容不少于 6 页，可以应用页面模板。

（3）添加背景音乐。

（4）添加页面和图片特效。

（5）生成 exe 格式的电子杂志。

第 7 章　综合训练

7.1　歌曲串烧

7.1.1　实例效果

利用 Adobe Audition CC 2017 自带的效果及相关操作方式对所选择的歌曲进行节选和效果处理，制作歌曲串烧。

7.1.2　实例目的

歌曲串烧就是将不同种类的歌曲、铃声等取其精华部分串在一起，组合起来，使人们在一段时间内听到不同种类的歌曲、铃声等。歌曲串烧首先对需要的歌曲或音频文件进行片段节选，通过对音频首尾衔接处参数值的设置和其他效果的添加处理等来进一步美化截取的音乐片段，达到歌曲的无缝衔接。

7.1.3　实现步骤

扫码看视频

本实例操作流程如图 7-1 所示。“插入伴奏音乐”是插入一个事先准备好的伴奏音乐文件，将其放到“轨道 2”中；录制原音是利用麦克风录入，将其音频文件放到音轨 1 中；噪声采样是找出最平稳且最长的一段用来作噪声采样波形，经过处理后进行降噪；消除人声是利用 Adobe Audition 自带的效果进行处理。

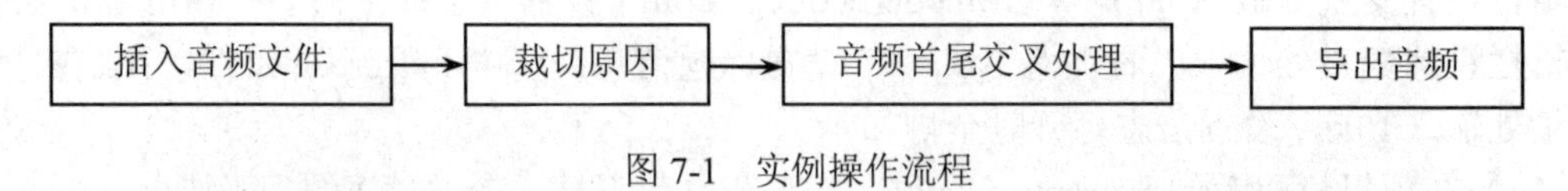

图 7-1　实例操作流程

7.1.3.1　实例操作步骤

（1）启动 Adobe Audition CC 2017，单击左上角“多轨”菜单，保存新建的多轨音频，如图 7-2 所示。

（2）在“轨道 1”处右击，在弹出的快捷菜单中选择“插入”/“文件”命令，如图 7-3 所示，从中选择所需的串烧音乐，所选音乐分别被插入到不同轨道中，如图 7-4 所示。

（3）单击每层轨道的音乐文件，将其依次拖拽到“轨道 1”中，如图 7-5 所示。

（4）按键盘空格键播放音频，根据音乐播放的节奏及音调等因素，对歌曲原声进行片段节选，选择工具栏“切断所选剪辑工具”，如图 7-6 所示；然后在“轨道 1”中裁切串烧音乐片段，并将截取的音乐片段前后紧贴着放在同一轨道中，裁切完成后效果如图 7-7 所示。

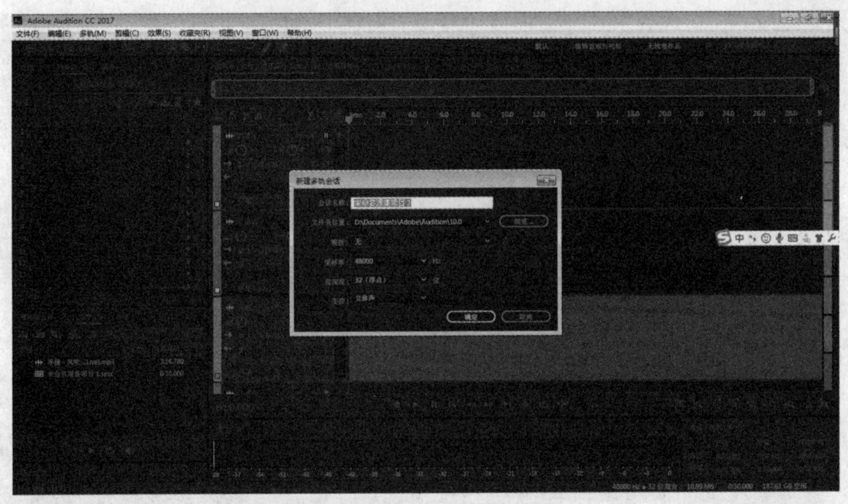

图 7-2　Adobe Audition CC 2017 启动界面

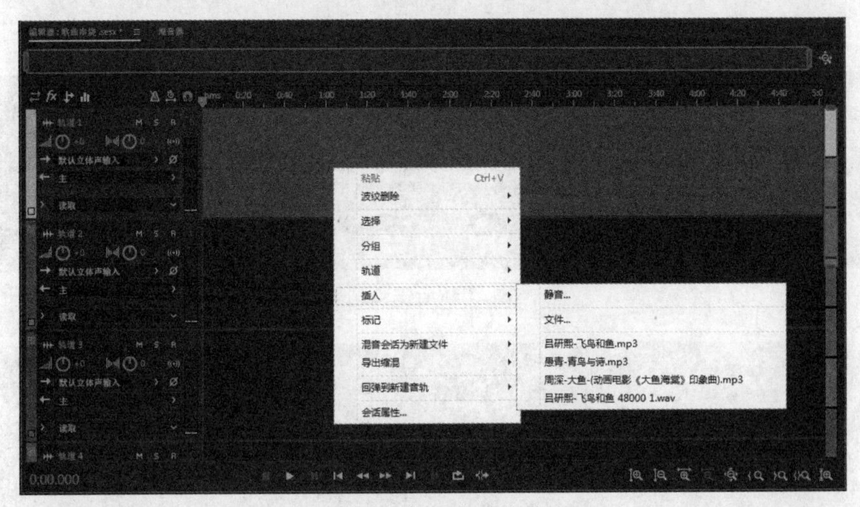

图 7-3　插入音乐文件

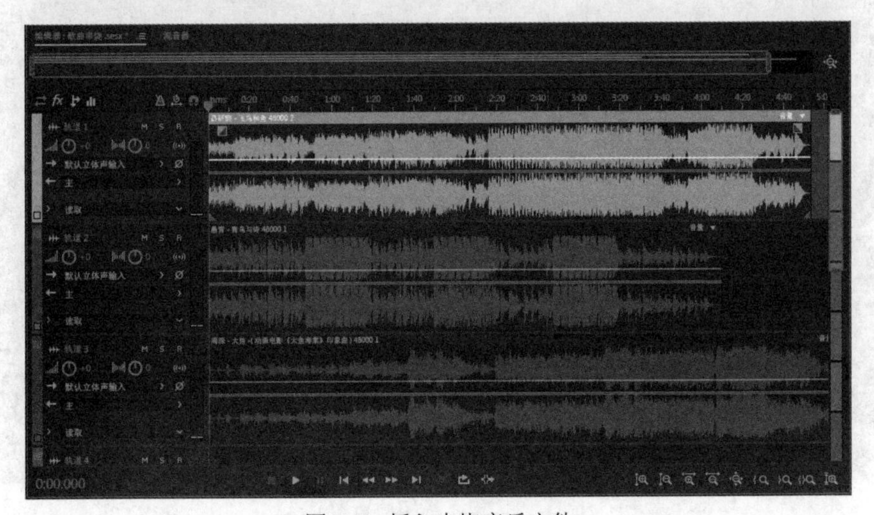

图 7-4　插入串烧音乐文件

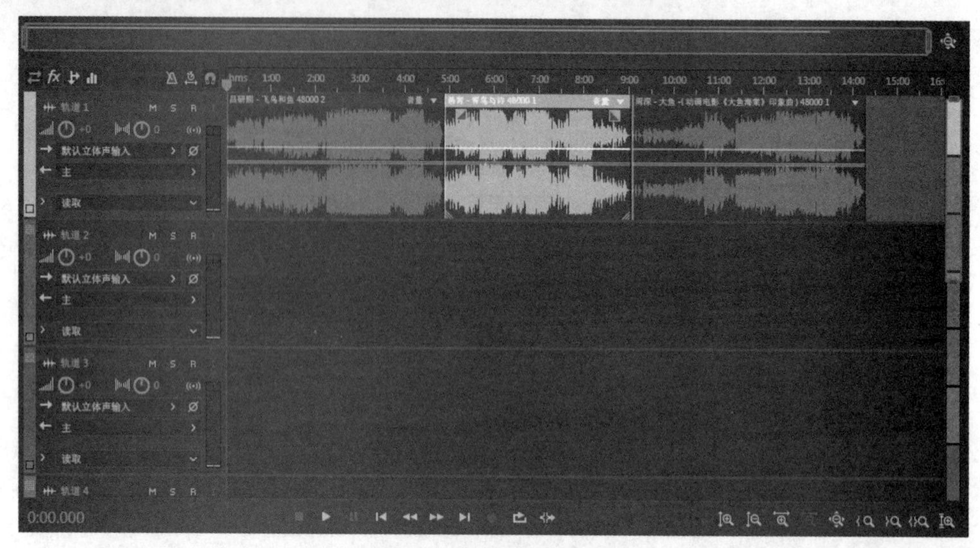

图 7-5　拖拽音乐文件

图 7-6　切断所选剪辑工具

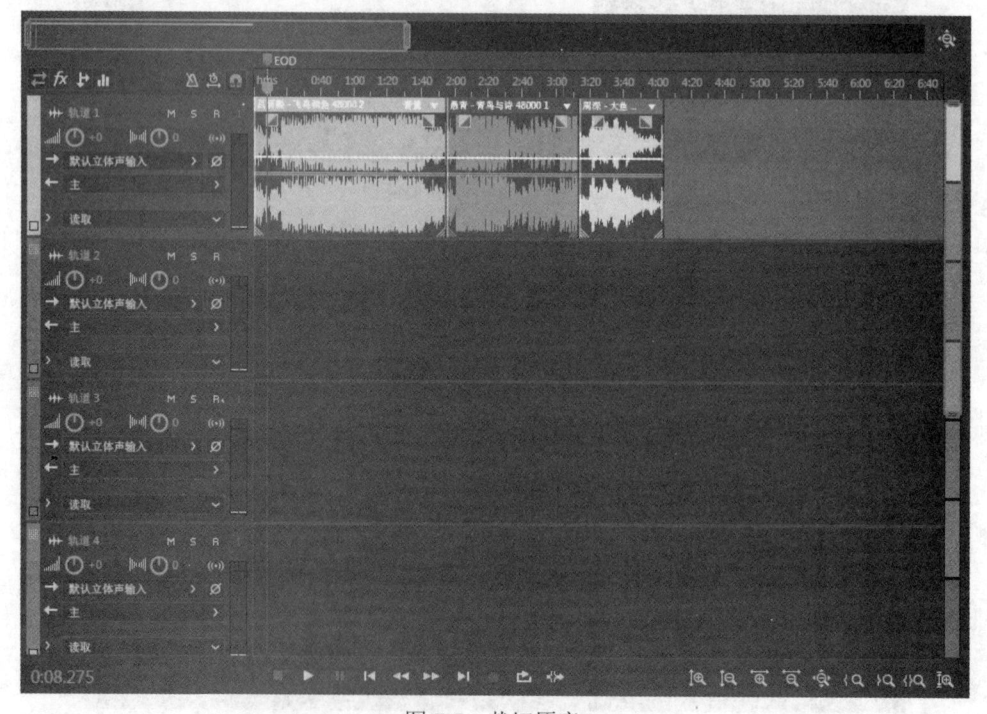

图 7-7　裁切原音

（5）双击“轨道 1”中的每个音乐片段可以切换到原音“轨道（或单击图 7-7 左上角的“多轨/单轨”切换按钮），可以对节选音频做细节调整处理，如图 7-8 所示。

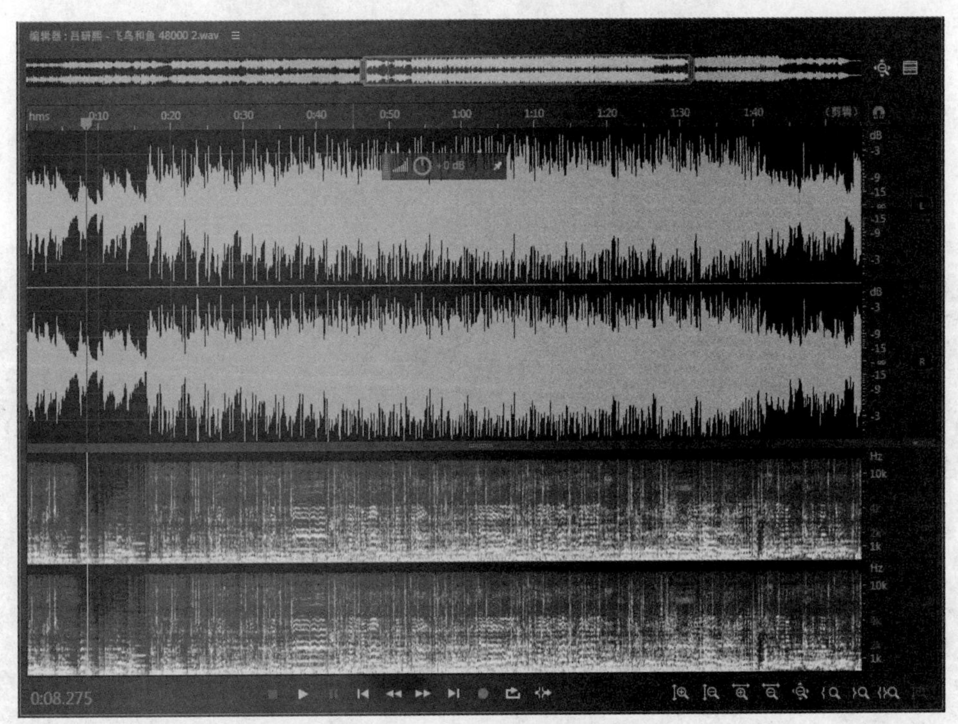

图 7-8　对原音轨道做细节调整处理

（6）在原音轨道中处理完后，双击“查看多轨编辑器”按钮返回多轨界面，在多轨模式下，单击右下方的波形放大按钮（带“+”号的两个按钮分别为水平放大和垂直放大）放大波形，将目标定位在两段截取的音频连接处，进行音频效果处理，按住鼠标左键拖动，将两段音频首尾连接处交叉重合（交叉部分根据音频的音调高低及音乐特点选择合适的交叉范围），如图 7-9 所示。

图 7-9　音频首尾交叉重合处理

（7）重合范围选取完成后，可以通过调整轨道中的“淡入”“淡出”滑块对截取音频首尾部分的线性值进行调整，从而使音乐衔接处音调过渡自然，达到无缝衔接的效果。线性值的调整如图 7-10 所示。

（8）将轨道中所有音频片段全部选中，单击菜单栏中的“效果”选项按钮，可以对音频进行特殊效果处理，如“混响”“特殊效果”“立体声声像”等效果，如图 7-11 所示。

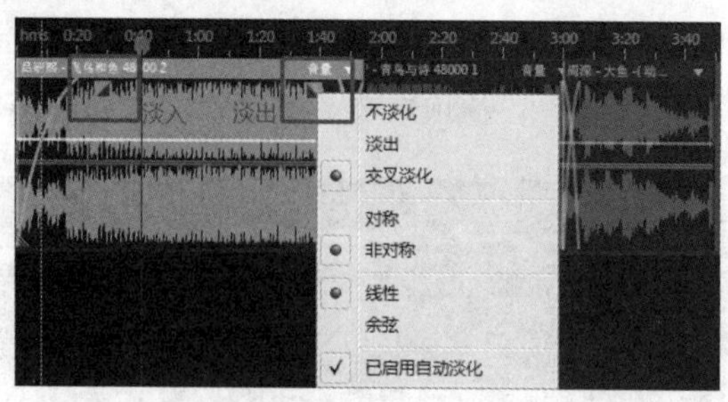

图 7-10 “淡入”“淡出”线性值的调整

图 7-11 “效果”菜单

（9）以“混响”为例，选择“效果”菜单中“混响（B）”/“环绕声混响（R）”命令，如图 7-12 所示。

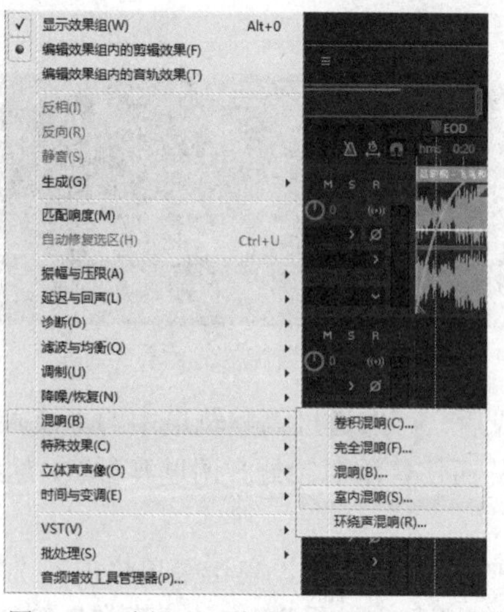

图 7-12 选择“环绕声混响（R）”命令

在弹出的“组合效果-环绕声混响”对话框中，首先在“预设”下拉列表中选择音效环绕环境或效果（通常情况下是默认状态），混响设置会随着所选预设进行数值的调整，如图 7-13 所示，选择完成后，单击对话框右上角的“关闭”按钮。

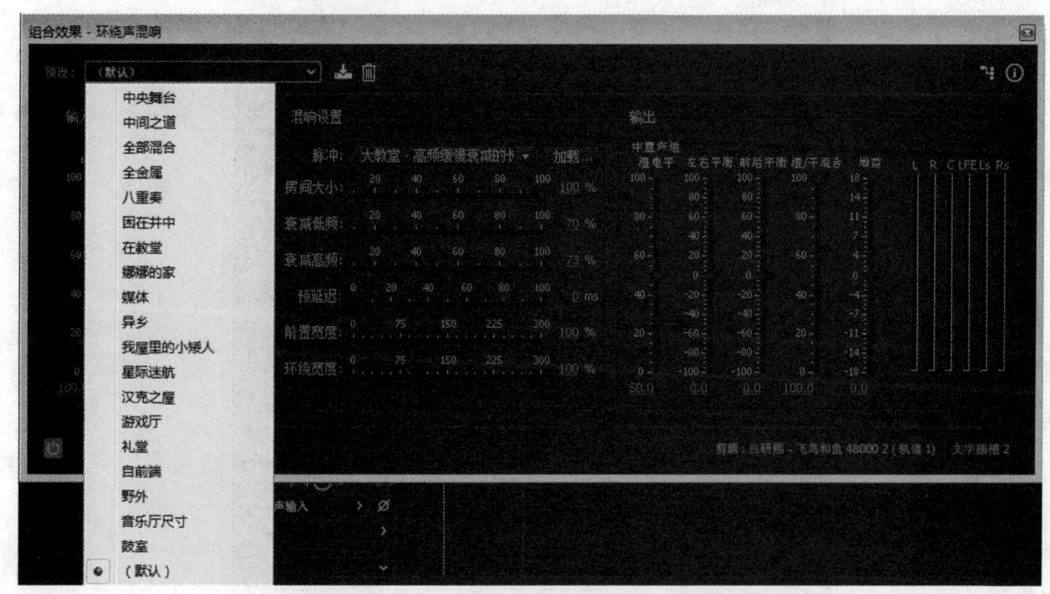

图 7-13　“环绕声混响（R）”效果设置

（10）设置完成后，单击窗口左上角的“文件”菜单，选择“导出”/“多轨混音”/“整个会话”命令导出处理好的音频文件，如图 7-14 所示。

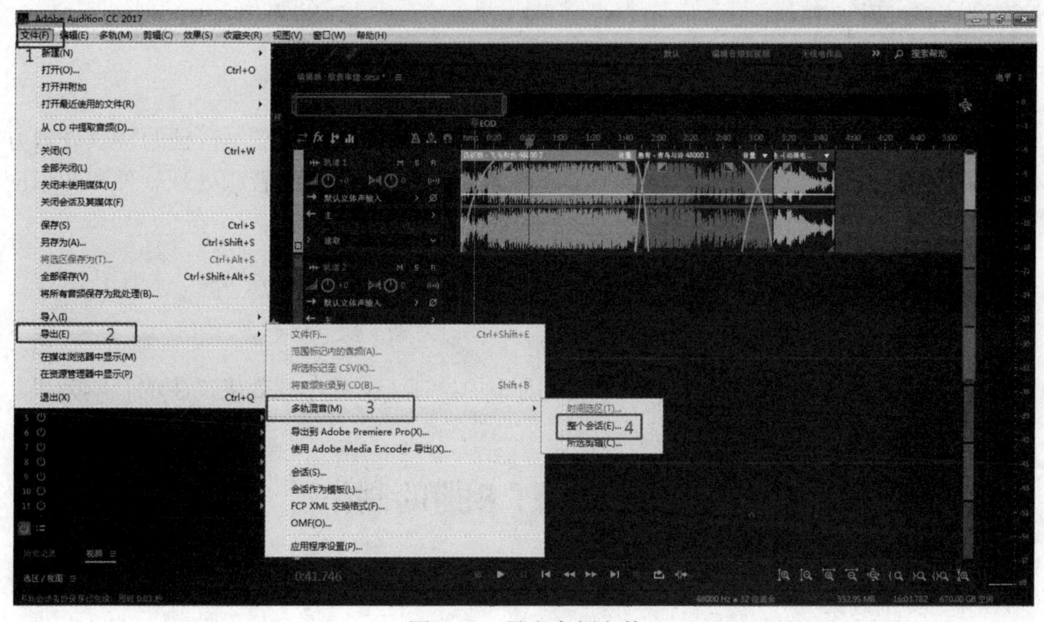

图 7-14　导出音频文件

（11）选择“整个会话”命令后，弹出“导出多轨混音”对话框，将文件命名为“歌曲串烧.mp3”，文件存储在适当的位置，文件格式为“MP3 音频（*.mp3）”，完成后单击“确定”按钮对音频文件进行保存，形成一首完整的歌曲串烧音频文件，如图 7-15 所示。

图 7-15　保存文件

（12）处理完成后，在主界面选择“文件”/“另存为保存”命令，将处理后的歌曲源文件保存到计算机磁盘中。

7.1.4　实例小结

通过该实例的学习，读者能够精准掌握音乐的剪辑和效果处理，在音频的特效处理方面能有更深入的学习，掌握音频特效的加入和处理，从而将全面掌握的音频处理软件和知识应用于实践当中。

7.1.5　举一反三

（1）制作一首歌曲串烧。
（2）将制作完成后的歌曲进行不同效果的添加处理，感受不同效果产生的音响效果。

7.2　婚纱电子相册的制作

7.2.1　实例效果

综合应用 Adobe Premiere Pro CC 2017 的功能制作婚纱电子相册，创建字幕说明，利用更多的转场效果和视频特效为电子相册增添绚丽的影视效果，实例效果如图 7-16 所示。

图 7-16 实例效果

7.2.2 实例目的

通过创建项目文件格式参数的设置，根据输出要求剪辑影片，利用 Adobe Premiere Pro CC 2017 的影片编辑功能进行展现，对滤镜特效等效果综合应用并输出影片。

7.2.3 实现步骤

扫码看视频

（1）启动 Adobe Premiere Pro CC 2017 应用程序，新建一个项目文件，命名为“婚纱电子相册”，如图 7-17 所示。

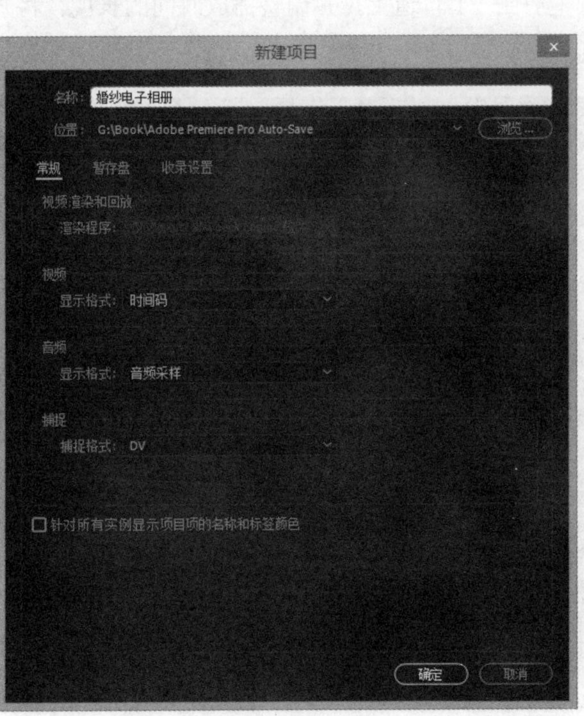

图 7-17 属性设置

（2）进入 Adobe Premiere Pro CC 2017 编辑窗口，选择“文件”/“导入”菜单命令，导入影片编辑所需要的素材，如图 7-18 所示。

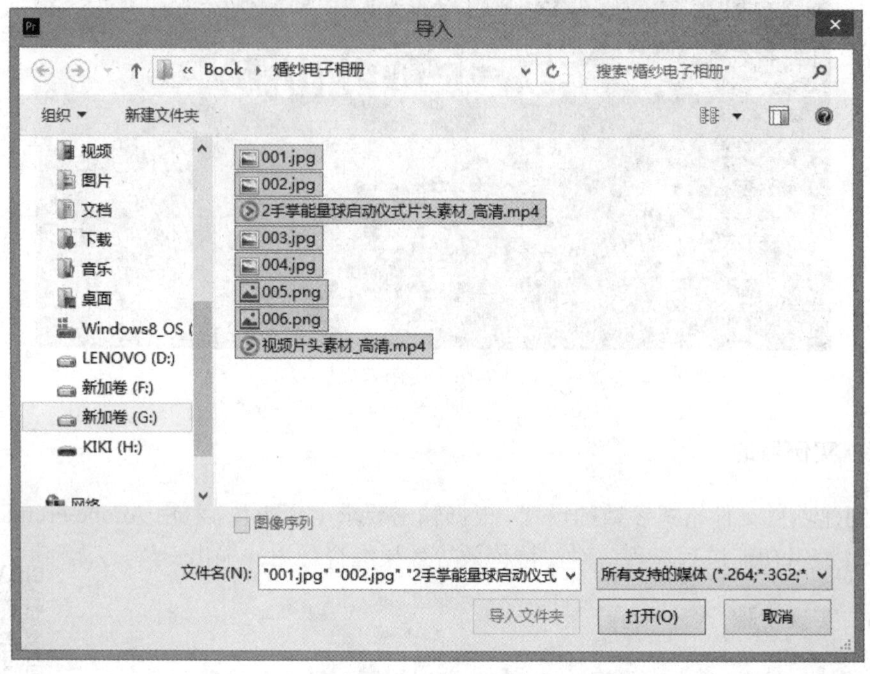

图 7-18　导入素材

（3）将背景视频拖放到 V1 轨道上，并调整播放时间的长度，将开场背景音乐拖放到 A1 轨道上，如图 7-19 所示。

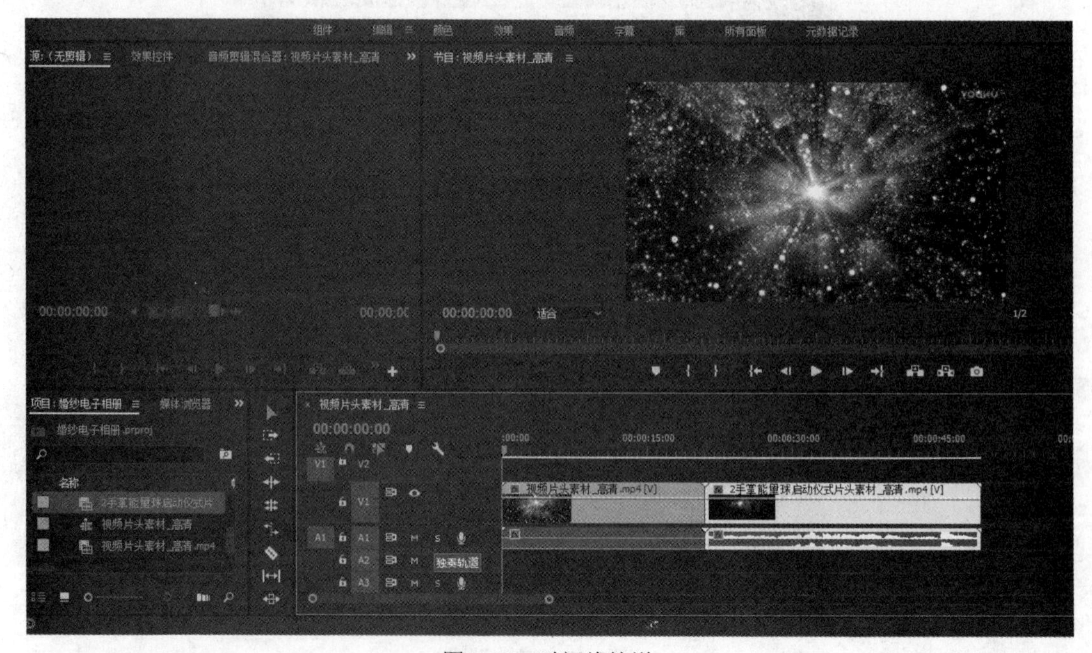

图 7-19　时间线轨道

（4）向背景素材中间添加一个“叠加溶解”的转场效果，并调整其属性，如图 7-20 所示。

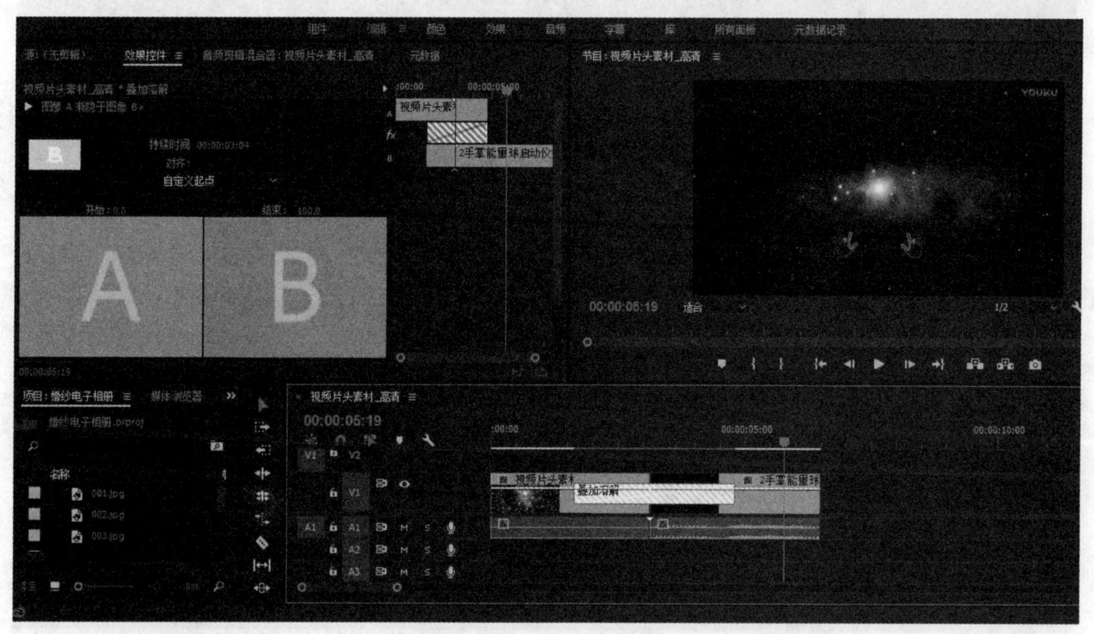

图 7-20　添加转场效果

（5）向 V1 轨道和 V2 轨道上添加画面装饰素材，并添加进入时的显示效果和显示位置，如图 7-21 所示。

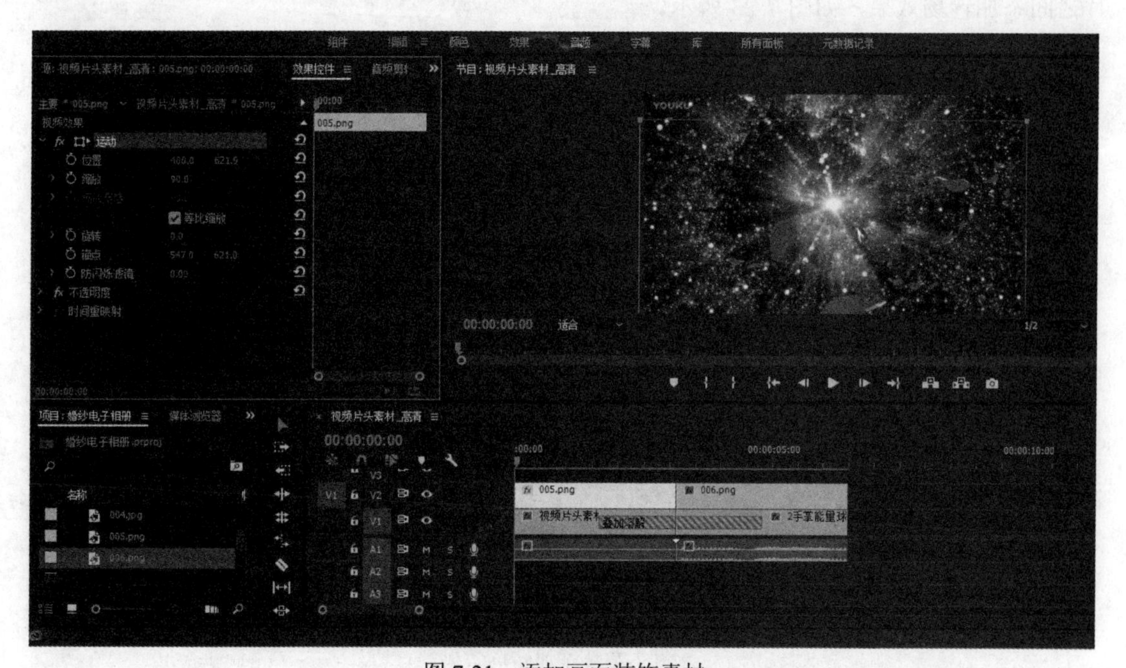

图 7-21　添加画面装饰素材

（6）向 V3 轨道上添加字幕文件，调整位置和透明度及关键帧的设置效果，如图 7-22 所示。

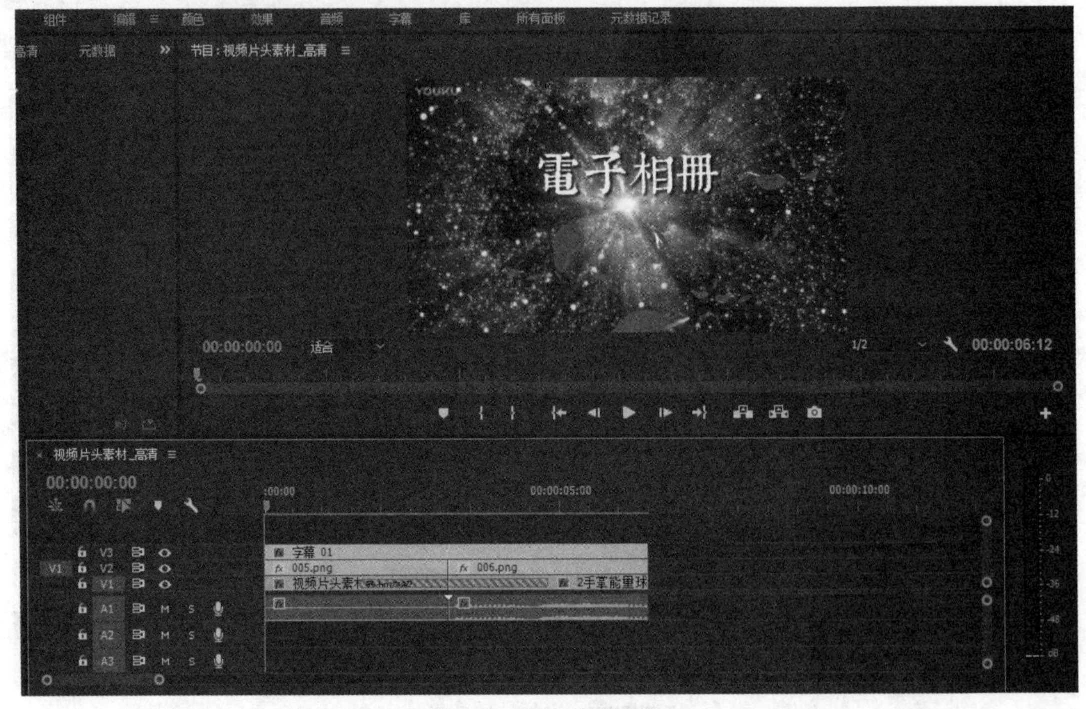

图 7-22　设置字幕效果

（7）为视频轨道上的素材添加转场效果，向时间线上拖放婚纱照片素材，并且在每个照片之间添加转场效果，如图 7-23 所示。

图 7-23　添加转场效果

（8）为了能看到绚丽的播放效果，可以为画面添加蒙版，并为影片配上优美的音乐，选择“文件”/“导出”/“影片”菜单命令输出影片，如图 7-24 所示。

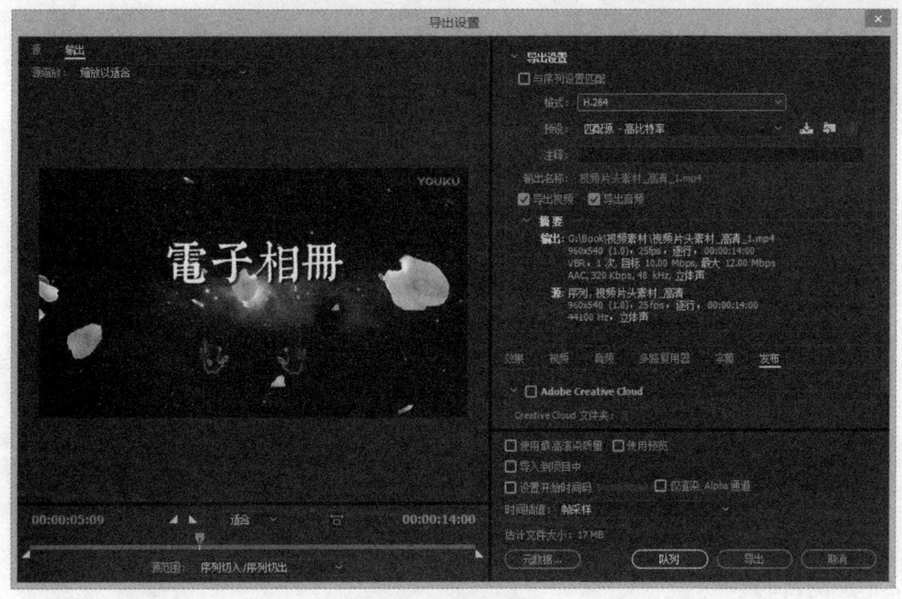

图 7-24　输出影片

（9）利用刻录软件制作影视光盘。

7.2.4　实例小结

本实例只是根据影片的制作要求，导入多种格式素材，利用时间线轨道的层次关系使画面有层次感，充分地综合利用效果面板为素材之间的转场添加绚丽的过渡效果，从而实现对 Adobe Premiere Pro CC 2017 的编辑功能综合利用。

7.2.5　举一反三

1. 训练名称

字幕放大镜效果。

2. 训练要求

（1）创建字幕文件。

（2）添加字幕运动效果。

（3）添加视频放大特效。

（4）添加轨道叠加效果。

（5）添加音效。

7.3　影视片头的制作

7.3.1　实例效果

Adobe Premiere Pro CC 2017 提供了滤镜特效功能，本例利用特效结合转场效果和轨道层次来制作一个影视片头效果，实例效果如图 7-25 所示。

图 7-25 实例效果

7.3.2 实例目的

通过制作影视片头可以进一步掌握 Adobe Premiere Pro CC 2017 的综合编辑功能，初步了解影视编辑的一些要求。

7.3.3 实现步骤

扫码看视频

（1）启动 Adobe Premiere Pro CC 2017 应用程序，新建一个项目文件，命名为“影视片头”，如图 7-26 所示。

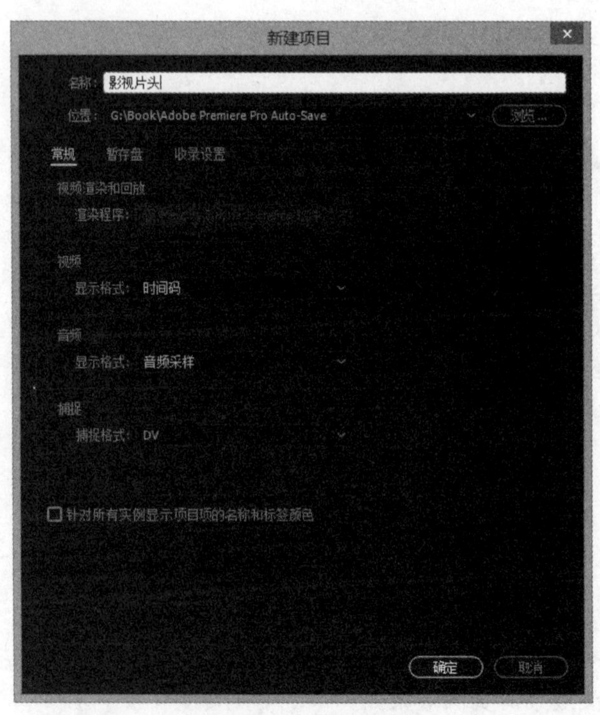

图 7-26 创建项目文件

（2）向项目文件中导入编辑片头要用到的素材，如图 7-27 所示。

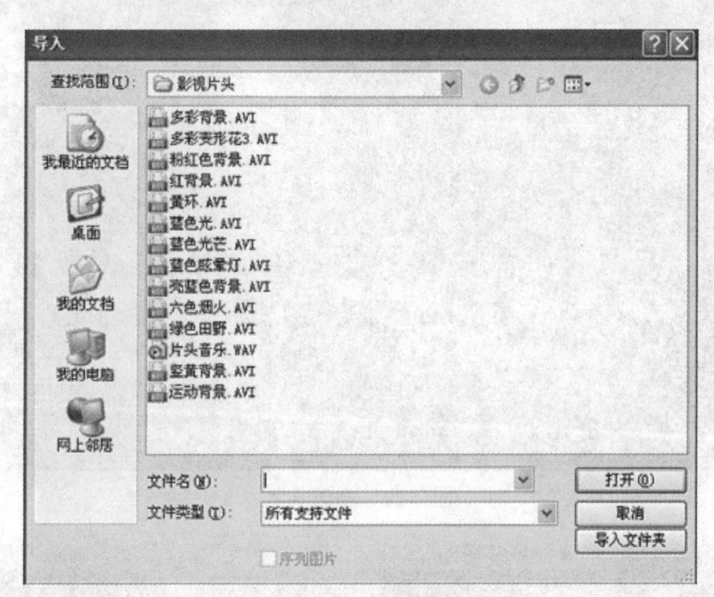

图 7-27　导入素材

（3）将“小清新”文件拖放到 V1 轨道上，并调整其大小和播放速度，如图 7-28 所示。

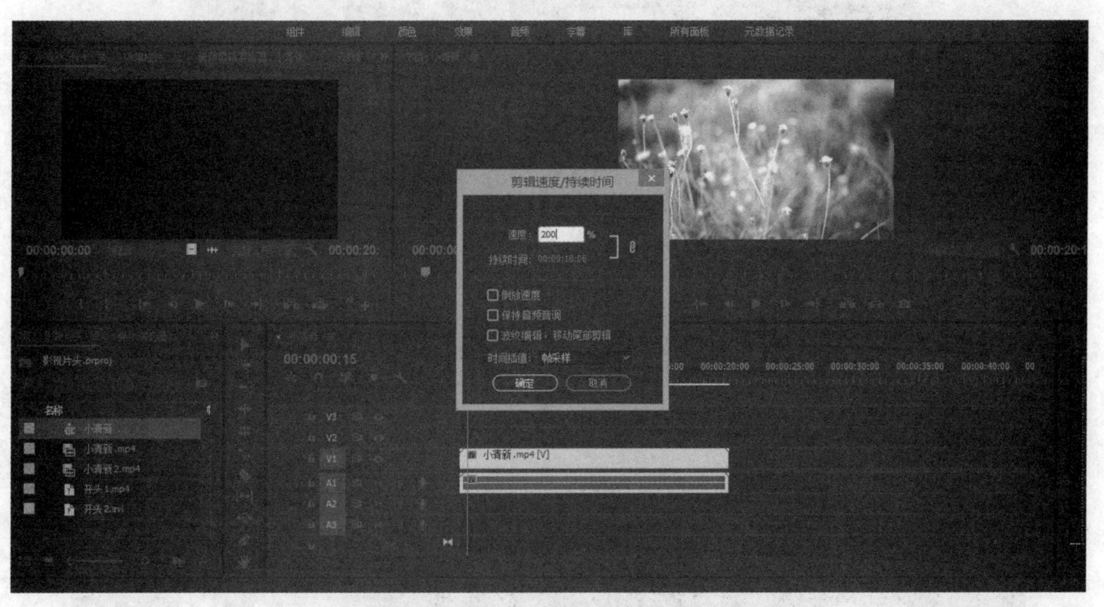

图 7-28　调整背景素材参数

（4）继续添加变化的背景文件和转场效果，选择效果后拖拽到两段视频的衔接处，黄色斜纹为所添加的效果，如图 7-29 所示。

（5）选择“文件”/“新建”/“字幕”命令创建一个字幕文件，命名为“字幕”，利用文字工具输入文字，并选择字幕样式，修改字体，如图 7-30 所示。

（6）将字幕文件拖放到 V2 轨道上，并调整字幕位置和大小，如图 7-31 所示。

图 7-29　添加效果

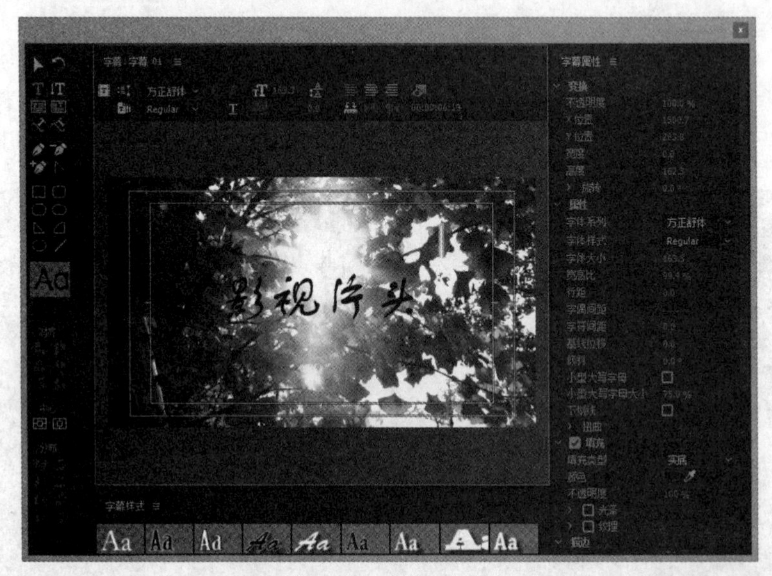

图 7-30　字幕样式

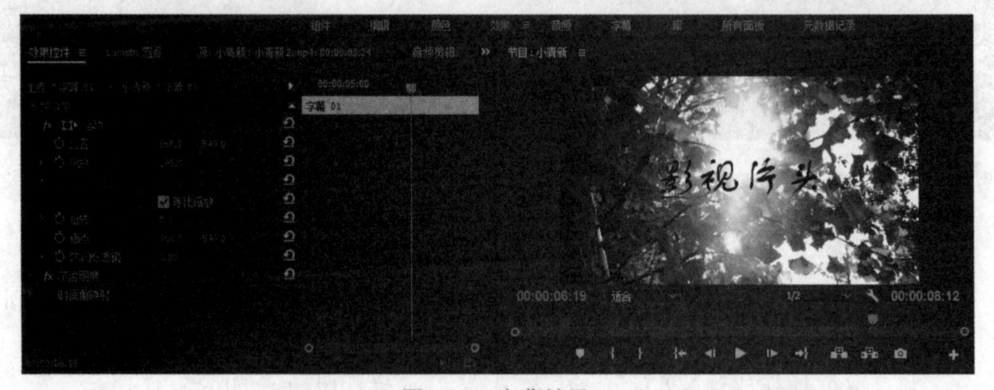

图 7-31　字幕效果

（7）选择“效果”/“视频效果”/“扭曲”/“波纹变形”滤镜效果，放到字幕轨道上，使字幕有波纹运动效果，如图 7-32 所示。

图 7-32　波纹运动效果

（8）向 V3 轨道上拖放画面效果素材，选择“效果”/“视频效果”/“键”/“亮键”滤镜效果，并调整参数使其影像透明，留下烟花效果，然后调整影片播放速度达到理想的画面效果，如图 7-33 所示。

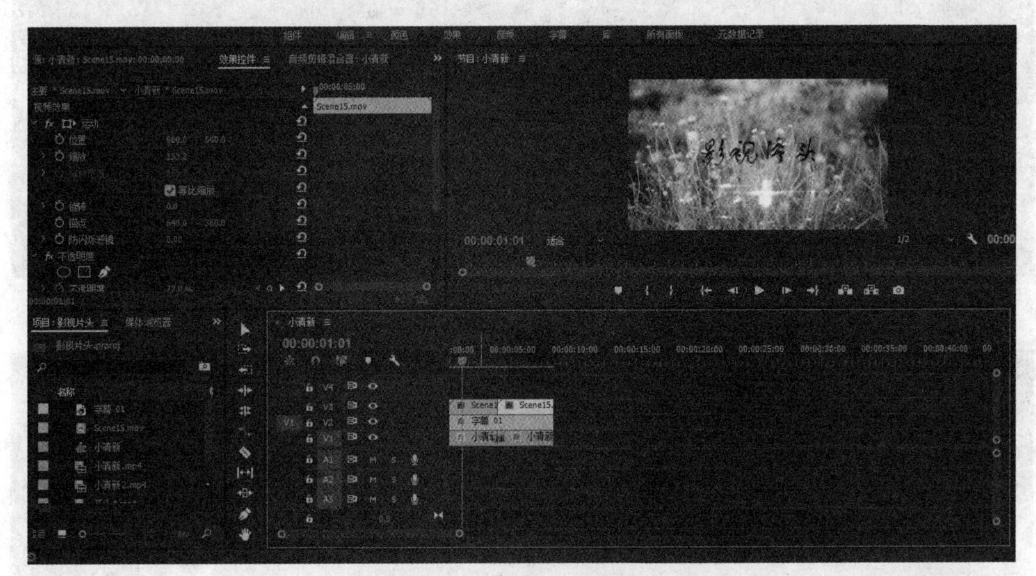

图 7-33　“亮键”滤镜效果

（9）向视频轨道上拖放一个影片效果的遮罩文件，调整其位置和大小，如图 7-34 所示。

（10）向“遮罩”轨道拖放一段影片素材，并调整其位置和大小与遮罩相同，如图 7-35 所示。

（11）打开“效果控件”选项卡，调整关键帧上的影片位置，制作运动效果，如图 7-36 所示。

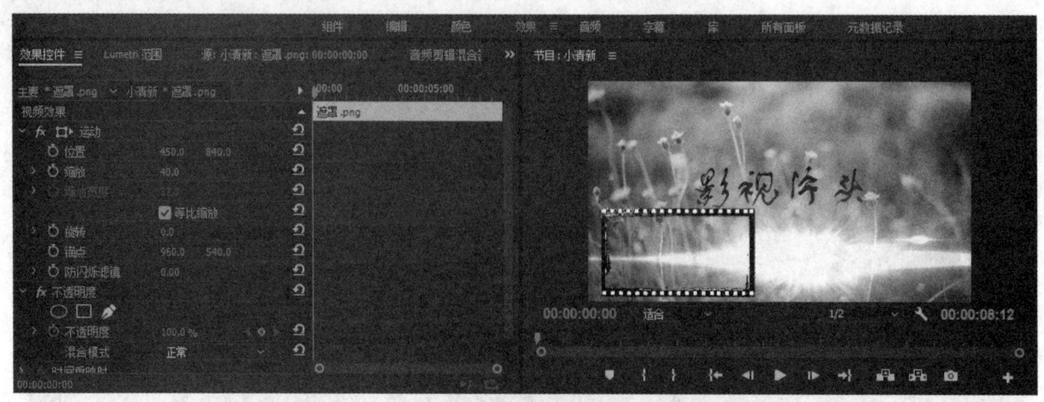

图 7-34　遮罩效果

图 7-35　影片位置

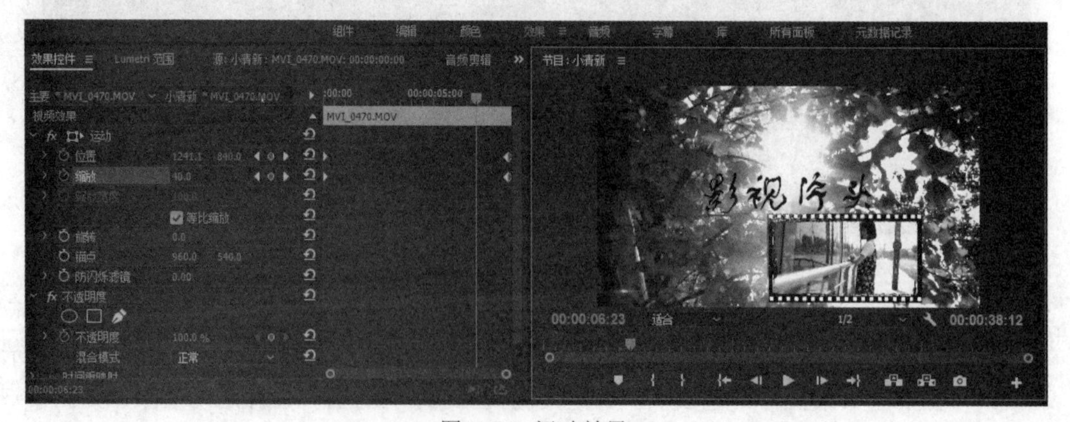

图 7-36　运动效果

（12）继续添加短片制作水平运动效果，如图 7-37 所示。

图 7-37　水平运动效果

（13）根据制作效果的需要制作垂直运动效果，如图 7-38 所示。

图 7-38　垂直运动效果

（14）将开场音乐添加到音频轨道上，片头编辑时间线如图 7-39 所示。

（15）将编辑好的影视片头输出，制作为光盘或播出等。

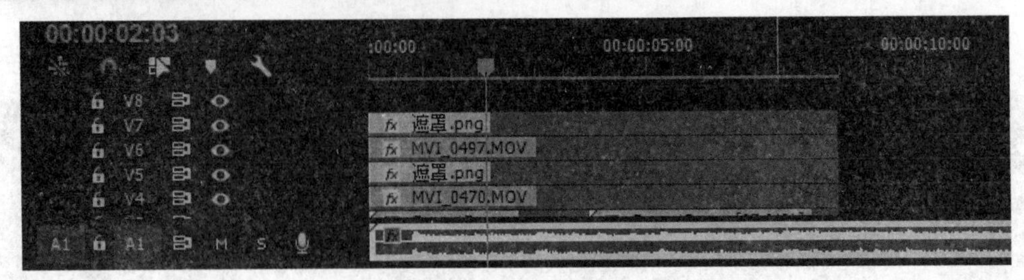

图 7-39　时间线轨道

7.3.4　实例小结

本实例主要是对 Adobe Premiere Pro CC 2017 编辑的综合应用，利用“效果控件”选项卡对关键帧制作运动效果，通过视频特效创建绚丽的素材轨道叠加效果，并掌握影片编辑的设计剪辑思路。

7.3.5　举一反三

1. 训练名称

立体光效果。

2. 训练要求

（1）利用 Photoshop 软件创建光线。

（2）添加光效滤镜。

（3）调整光效参数。

（4）设置光线运动轨迹。

（5）建立多条光线。

7.4　世博之旅——中国馆

7.4.1　实例效果

通过视频的剪辑重组制作本分章节的效果，如图 7-40 所示。

图 7-40　效果组图

7.4.2 实例目的

通过本实例，读者掌握使用会声会影 Corel VideoStudio Pro X10 将已有的视频、图像素材进行剪辑、编辑，重组形成新的具有表现力的视频作品。

本实例要完成的内容：片头制作、影片主体部分制作和片尾制作。

7.4.3 实现步骤

扫码看视频

1. 素材准备工作

（1）按主题搜索下载视频、图像和音频素材，将其归类保存在“素材”文件夹下，如图 7-41 所示。

图 7-41 素材存放

（2）图像文件可以用 Photoshop 软件进行统一尺寸等处理，音频文件可以用 Adobe Audition 软件进行合成处理，视频文件可以通过视频转换大师（WinMPG Video Convert）转换为会声会影软件可识别的格式。

2. 添加素材

（1）启动 Corel VideoStudio Pro X10，向素材库添加视频、图像和音频文件，如图 7-42 所示。

图 7-42 添加素材

（2）插入素材。在视频轨中添加照片素材，可以选中素材并直接拖动到轨道上，也可以在轨道上右击插入素材，做好剪辑准备。

3. 视频剪辑

（1）添加转场。

所有的素材添加完成之后，再在素材之间分别添加转场。切换到时间轴面板上的视频素材轨道上，将选择好的转场直接拖至两个素材之间，如图 7-43 所示。

图 7-43　添加转场

（2）添加标题。

1）首先在编辑区域里单击 T（标题）按钮，然后双击便可弹出字幕“属性”选项卡，对输入文字进行相应的数值设置，如图 7-44 所示。

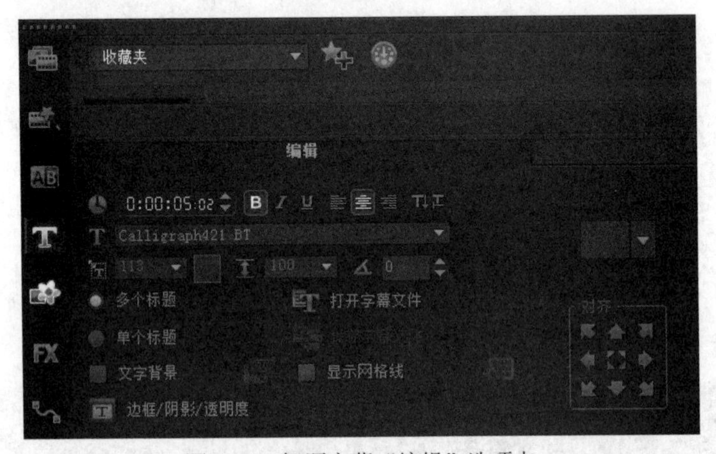

图 7-44　标题字幕“编辑”选项卡

2）在标题字幕“编辑”选项卡中对文字“颜色”“边框”“阴影”“透明度”等参数进行设置，设置边框为“外部边框”，阴影设置为“凸起阴影”，设置完成后单击“确定”按钮，如图 7-45 所示。

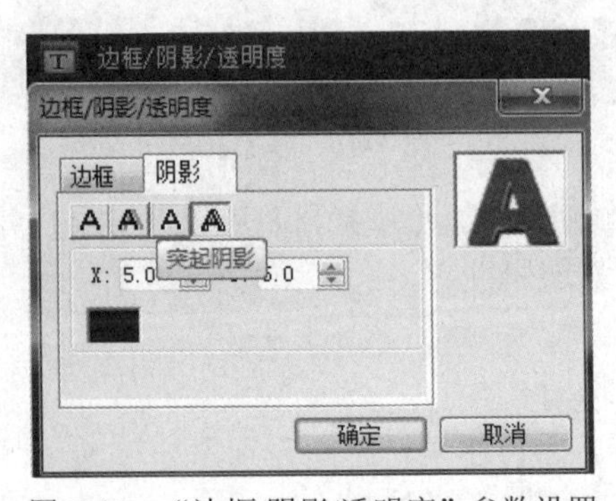

图 7-45　“边框/阴影/透明度”参数设置

（3）添加音乐。

选择一首音乐素材“孙燕姿-感动每一刻.mp3”插入到音乐轨中，并调整长度与照片素材一致，如图7-46所示。

图7-46　音乐素材的添加

（4）完成预览。

所有的操作完成之后，先保存一下，然后单击预览面板中的“播放”按钮，即可预览最终效果，不满意可以继续进行调整，如图7-47所示。

图7-47　预览窗口

（5）保存与视频导出。

预览完成后，需要导出视频，单击“共享”标签，创建视频文件，在弹出的对话框中输入视频名称和选择保存路径，并且输出视频的各种属性，图7-48所示。

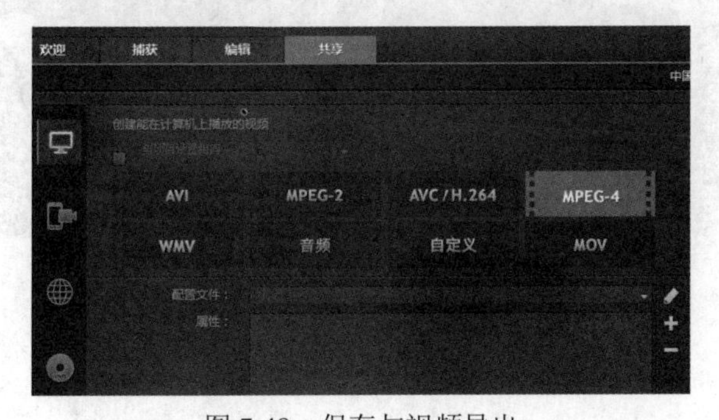

图7-48　保存与视频导出

7.4.4 实例小结

通过本案例的学习，读者能够发现视频片断的精彩，从不同视角剪辑视频，重新组织素材。

7.4.5 举一反三

1. 训练名称

采编视频。

2. 训练要求

（1）采集DV录制的视频。

（2）视频剪辑、重组。

（3）图像、视频编辑。

（4）添加覆叠效果。

（5）制作标题。

（6）创建视频。

7.5 “中国梦”立体字的设计

7.5.1 实例效果

通过Xara 3Dv7对文字进行颜色、纹理、斜角、阴影、按钮及动画等效果的设计，制作独特的立体字效果，实例效果如图7-49所示。

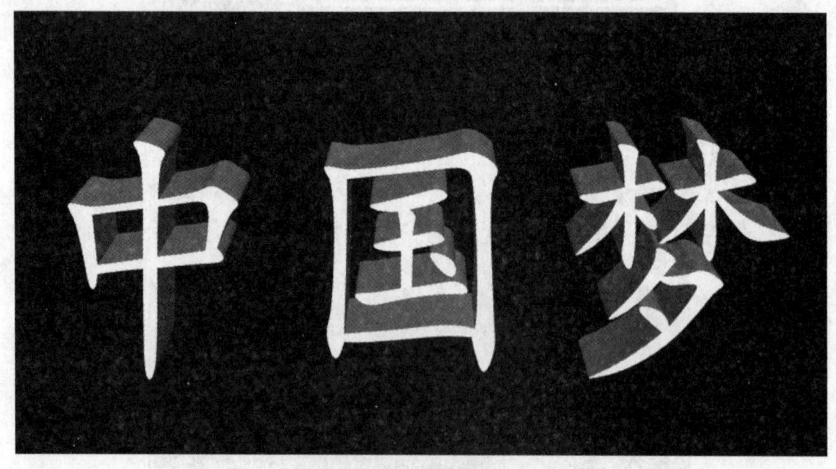

图7-49 实例效果

7.5.2 实例目的

通过Xara 3Dv7设计制作“中国梦”3D立体字，实现文字立体效果的设计和编辑。

7.5.3 实现步骤

本实例操作流程如图 7-50 所示。文字输入，根据需要输入文字及进行换行设置。文字输入完成后根据需要对文字进行颜色、纹理、斜角、阴影、按钮及动画等效果的设计，分别对应不同的选项进行数值的设置和具体设计操作。文字效果设计完成后对于图像保存，存储在指定位置。

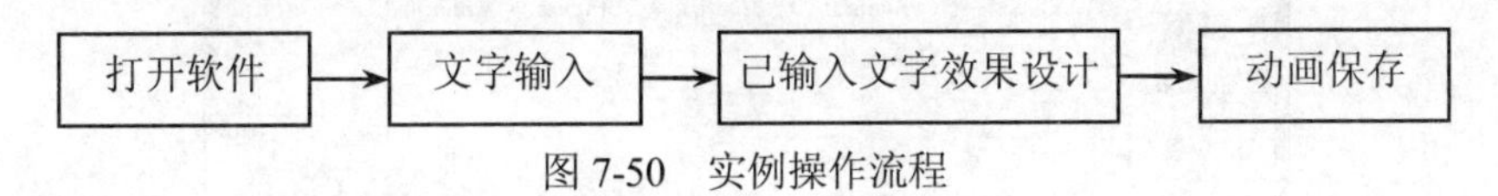

图 7-50 实例操作流程

1. 打开软件

双击桌面 Xara 3Dv7 图标，打开软件，会弹出“每日一贴”窗口，关闭此窗口后进行后续操作。

2. 输入文字

单击文字选项按钮 *Aa*，删除原有文字，输入文字“中国梦”，字体设置为楷体_GB2312，文字尺寸为 48p，最后单击“确定”按钮，如图 7-51 所示。

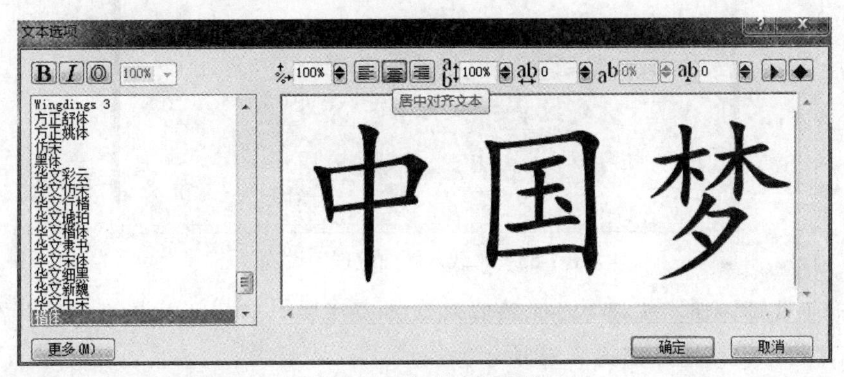

图 7-51 “文本选项”设置

3. 设计已输入文字效果

（1）颜色选项按钮：选取红色作为字体颜色，如图 7-52 所示。

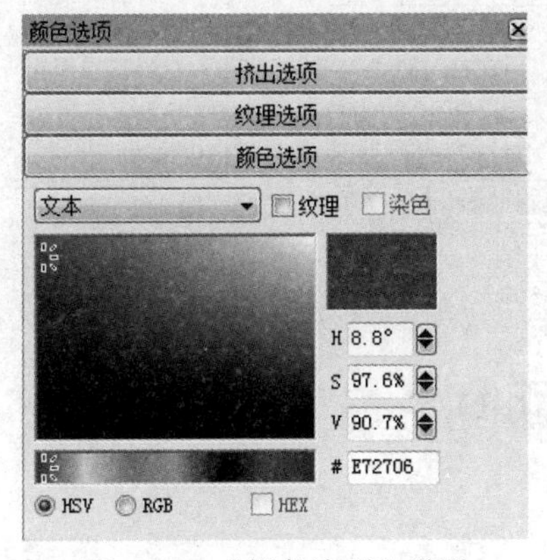

图 7-52 “颜色选项”设置

（2）纹理选项按钮：选择“纹理选择器”/图案类型/“文本侧面”命令，单击“载入纹理”按钮，在弹出的“载入侧面纹理”对话框中选择需要的纹理类型，如图 7-53 所示。

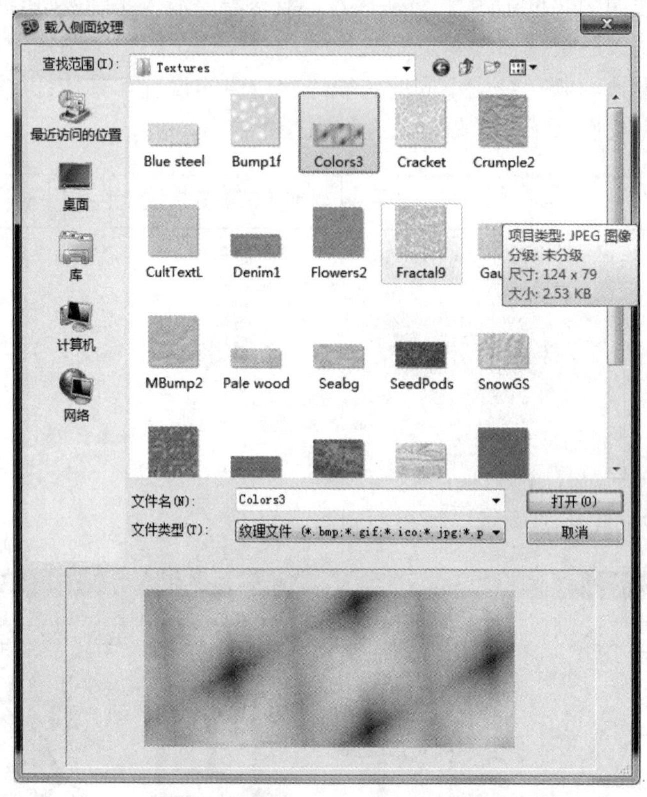

图 7-53 “载入侧面纹理”设置

（3）动画选项按钮：选择“动画拾取器”/动画样式“滚动进/出”命令，并在选择动画样式后单击“打开”按钮，如图 7-54 所示。

（4）挤出选项按钮：应用到文本；“深度”为 170；“轮廓宽度”为 20；选择“光泽”“前表面”“后表面”命令，如图 7-55 所示。

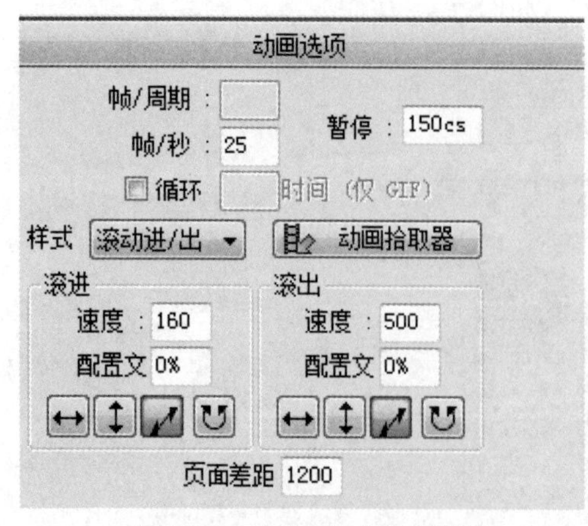

图 7-54 “动画选项”设置

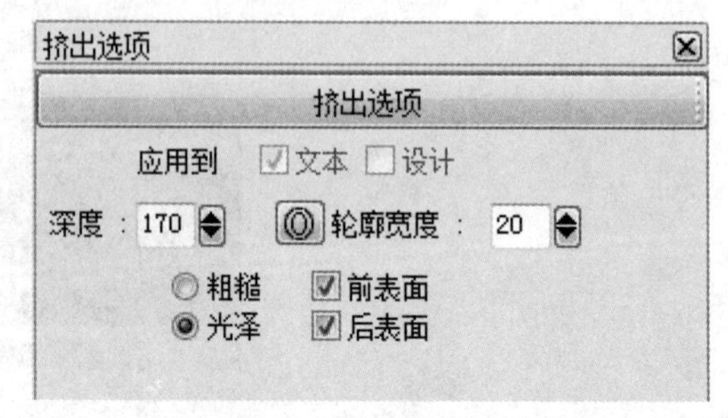

图 7-55 “挤出选项”设置

（5）斜角选项按钮：曲线；圆角。

（6）阴影选项按钮：不要勾选“阴影”复选框。

（7）颜色选项按钮：单击“颜色选项”按钮，进入颜色选项面板，将“文字正面”选择为“黄色”，侧面选择为“红色”，灯光选择为“黄色”。

（8）动画选项按钮：在动画选项面板中，设置“帧/周期”为 20，“帧/每秒”为 25，勾选“循环”复选框，设置为每循环 40 帧，样式设置为“旋转 1”，文字选项设置为“立轴”，勾选“灯光”复选框，如图 7-56 所示。

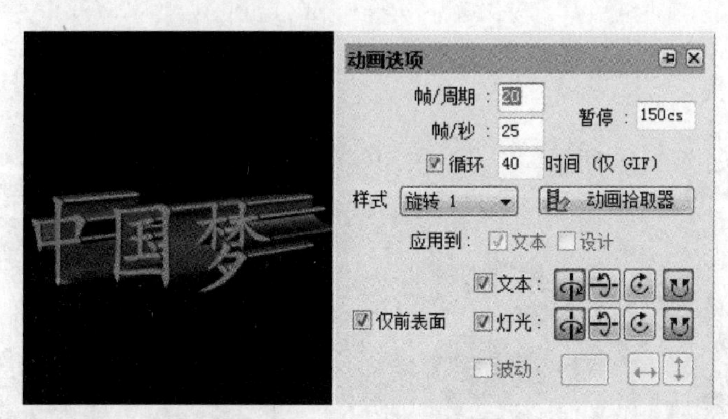

图 7-56 “动画选项”设置

4. 导出动画

确定存放位置。首先填写图片命名并保存。在对话框的“大小”一栏中勾选“用户定义”复选框，将尺寸设置为 1006×561；在“选项”一栏中勾选“透明”复选框。保存时，系统默认 gif 格式并自动保存，如图 7-57 所示。

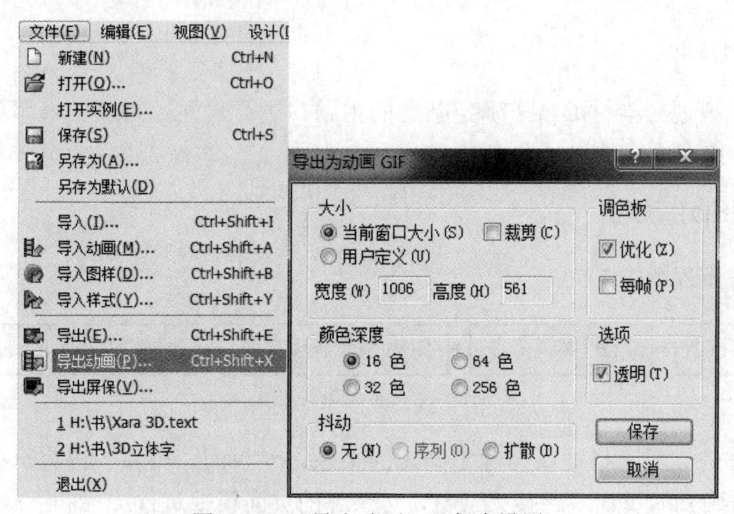

图 7-57 “导出动画”及保存设置

7.5.4 实例小结

通过本案例的学习，读者能够发现文字设计的乐趣，从不同视角剪辑视频，重新组织素材。

7.5.5 举一反三

（1）按要求搜索相关主题“3D 立体字动画的使用方法”。
（2）添加一定的文字特效，增加文字的质感。
（3）进行多个选项按钮的操作，制作动画文字效果。

7.6 《Dear Friend——为了与你相遇》杂志的编辑

7.6.1 实例效果

电子杂志效果如图 7-58 所示。

图 7-58 实例效果

7.6.2 实例目的

通过“整体规划与素材准备”确定杂志的主题，进行封面、封底、内容页的整体规划，并围绕主题制作内容丰富的电子杂志。

7.6.2.1 实例操作流程

本实例操作流程如图 7-59 所示。

整体规划与素材准备 → 新建/编辑杂志 → 添加/编辑模板页面 → 添加图片/Flash 页面 → 生成杂志

图 7-59 实例操作流程

通过“整体规划与素材准备”确定杂志的主题，对封面、封底、内容页确立整体的设计方案，并根据所确立的设计主题搜集素材，对杂志的页面模板进行选择和下载。“新建/编辑杂志”是在对杂志模板进行选择和下载之后，对背景音乐进行添加，并对模板中的对象逐步进行编辑，将已设计制作成功的封面、封底图片替换模板中的图片并设置相关属性。“添加/编辑模板页面”是指在设计制作的杂志模板中添加目录、图文、文字、多媒体等模板页面，根据杂志的主题内容更改模板中的文字内容、图片和视频，并适当地添加页面特效。“添加图片/Flash 页面”是指将已制作好的图片、Flash 直接添加为杂志的内容页。“生成杂志”是指对制作完成的杂志进行预览，经过研究分析进行再次修改，通过生成设置对生成文件的路径、名称、版权信息等进行设置，最终生成可直接执行的 exe 格式的电子杂志。

7.6.3　实现步骤

扫码看视频

1. 整体规划与素材准备

（1）确定主题为“为了与你相遇”，以讲述“一条狗的使命”为主要内容。在结构组织上分为六大部分，分别是：卷首语、基本信息、内容简介、片段赏析、大众影评、结语。

（2）目录导入，并进行文本、图片的排版设计。本例更希望能够抛砖引玉，引发广大读者对电子杂志的制作兴趣，从自己的擅长和关注出发做出内容丰富的作品。

1）准备图像素材。在百度图库中搜集相关内容和图片，并用 Photoshop 软件进行编辑合成，修改图片的大小。其中杂志封面、封底大小根据选择杂志模板的目标大小为 375×550px，杂志内页页面大小为 750×550px。

2）准备文字素材。

3）准备杂志目录模板。从网上下载杂志模板——精选目录.im，分别准备用在杂志的图片和文字解说展示页面。

2. 新建/编辑杂志

（1）新建杂志。选择“文件”/“新建杂志”命令，或按 Ctrl+N 组合键，或单击工具栏的“新建”按钮。打开“新建杂志”对话框，选择“标准组件 750×550px”，单击“确定”按钮。

（2）更改封面、封底图片。在项目栏中单击杂志模板前的“+”按钮，打开项目组件，选中“封面”，在编辑栏单击“页面背景”右侧的下三角按钮，在其下拉列表框中选择“使用背景文件”选项，单击背景值右侧的“…”按钮，在“图片”选项卡的“图片文件”选项组中单击“更改图片”按钮，在“打开”对话框中选择“Dear Friend——为了与你相遇”文件夹下提前制作好的“封面.jpg”，单击“打开”按钮完成更改，在项目栏选中“封底”选项，重复同样的操作，更改封底图片，如图 7-60 所示。

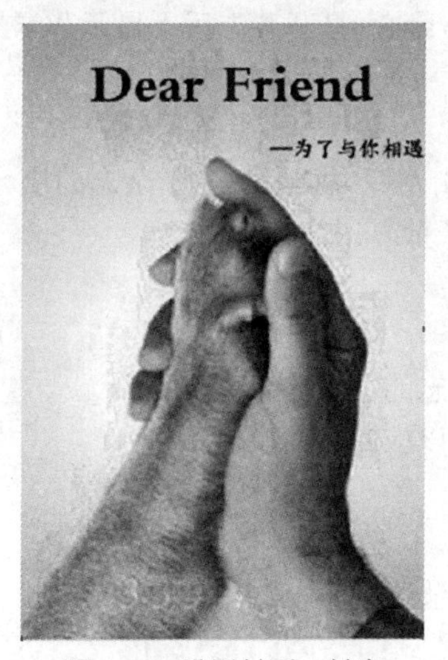

图 7-60　设置封面、封底

3. 添加图片特效

选中项目栏的“封面”选项，在“图片”选项卡的“调整”选项组中选择“着色”特效，完成封面图片效果的添加。

4. 设置代码变量

在项目栏选中 Zine_title 组件，在编辑栏设置变量处输入 See Expo Vol.1，设置杂志刊号；选中 Zine_data 组件，在编辑栏设置变量处输入 2010/9/15，设置杂志日期；选中 url 组件，在编辑栏设置变量处输入 http://www.expo2010.cn/，设置链接；选中 url3 组件，在编辑栏设置变量处输入 http://www.moderncollege.com/，设置杂志链接；选中 form_title 组件，在编辑栏设置变量处输入“内容简介 Vol.1”设置标题信息；选中 fullscreen 组件，在编辑栏设置变量处输入 true，设置杂志打开时全屏显示，如图 7-61 所示。

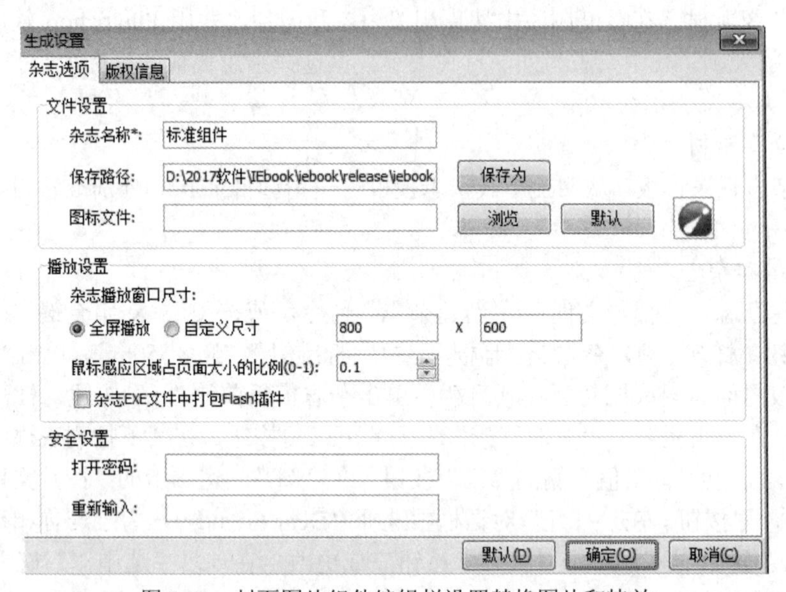

图 7-61　封面图片组件编辑栏设置替换图片和特效

在项目栏取消勾选 frontinfo.swf，打开杂志后不显示杂志封面的动画特效。

7.6.4 实例小结

本例希望能够抛砖引玉，引发广大读者对电子杂志的制作兴趣，从自己的擅长处和关注点出发，自选主题制作一份电子杂志。

7.6.5 举一反三

（1）杂志封面设计突出杂志的主题内容。

（2）内容不少于 6 页，可以应用页面模板。

（3）添加背景音乐。

（4）添加页面和图片特效。

（5）生成 exe 格式的电子杂志。

参考文献

[1] 余雪丽，陈俊杰．多媒体技术与应用[M]．北京：科学出版社，2011．

[2] 刘甘娜，翟华伟．多媒体应用技术基础[M]．北京：中国水利水电出版社，2006．

[3] 彭波，孙一林．多媒体技术实验教程[M]．北京：机械工业出版社，2006．

[4] 成飞．前沿多媒体视听风暴[M]．北京：科学出版社，2005．

[5] 张弛．录音与电脑音频编辑 Audition（Cool Edit Pro 升级版）[M]．北京：科学出版社，2008．

[6] 马克西姆·亚戈．Adobe Premiere Pro CC 2017 经典教程[M]．巩亚萍，译．北京：人民邮电出版社，2017．

[7] 刘强．ADOBE PREMIERE PRO CS3 标准培训教材[M]．北京：人民邮电出版社，2008．

[8] 崔大鹏，曹兴邦．影视剪辑高手 Adobe Premiere 6.5 完全实战[M]．北京：中国宇航出版社，2003．

[9] 陈洁．多媒体技术应用．北京：清华大学出版社，2008．

[10] 尹建忠，刘智慧，高翔等．新世纪电脑办公应用培训教程[M]．北京：电子工业出版社，2003．